丹江口水源涵养区

绿色高效农业模式设计、技术集成与机制创新

◎ 张艳军　王　慧　赵建宁　张海芳　刘红梅　杨殿林　等 著

中国农业科学技术出版社

图书在版编目（CIP）数据

丹江口水源涵养区绿色高效农业模式设计、技术集成与机制创新 / 张艳军等著. -- 北京：中国农业科学技术出版社，2022. 11
ISBN 978-7-5116-5910-1

Ⅰ. ①丹… Ⅱ. ①张… Ⅲ. ①水源涵养林-农业技术-研究-丹江口 Ⅳ. ①S727.21

中国版本图书馆CIP数据核字（2022）第 170008 号

责任编辑 王惟萍
责任校对 李向荣 贾若妍
责任印制 姜义伟 王思文

出 版 者 中国农业科学技术出版社
北京市中关村南大街 12 号 邮编：100081
电 话 （010）82106643（编辑室） （010）82109702（发行部）
（010）82109709（读者服务部）
网 址 https: // castp.caas.cn
经 销 者 各地新华书店
印 刷 者 北京捷迅佳彩印刷有限公司
开 本 170 mm × 240 mm 1/16
印 张 16
字 数 270 千字
版 次 2022 年 11 月第 1 版 2022 年 11 月第 1 次印刷
定 价 98.00 元

《丹江口水源涵养区绿色高效农业模式设计、技术集成与机制创新》

著者名单

张艳军	王　慧	赵建宁	张海芳	刘红梅	杨殿林
谭炳昌	王丽丽	张贵龙	周华平	张百忍	肖能武
李　珺	唐德剑	李　虎	刘新刚	杜连柱	陈昢圳
黄治平	刘惠芬	修伟明	李　刚	李　洁	秦　洁
李睿颖	高晶晶	郭荣君	张　敏	唐　蜻	吴爱兵
颜　鹏	倪　康	钟云鹏	王少丽	葛一洪	章秋艳
林艳艳	王金鑫	郭元平	龚世飞	张　振	郭邦利
李　瑜	张　军	刘运华	段龙飞	张文慧	覃剑锋
唐晓东	贺　博	王　勇	郑　敏	顿耀元	万　利
赵昌松	李　慧	司海倩	张小福	黄　进	闫雪影
何北辰	王红岩	张　庆			

前　言

丹江口水源涵养区是我国南水北调中线工程核心水源区，不仅是国家级生态示范区和鄂西北国家级重点生态功能保障区，也是国家级生物多样性丰富区和生态脆弱区，更是我国最大的秦巴山集中连片特困地区。为支持国家南水北调战略，确保一江清水永续北上，丹江口水源涵养区牺牲发展无私奉献，区域内农业生产受到很大影响，严重制约农村经济社会全面发展和农民增收。农业高质量绿色发展是我国全面实现现代化的必由之路，而绿色高效农业技术创新集成与示范则是成败的关键，是农业供给侧改革、区域农业可持续发展和社会长治久安重大战略需求，事关水源涵养区水质安全和生态安全，更是中国农业科学院科技扶贫、院地合作、重大科技创新驱动的主要抓手。“十三五”开局，中国农业科学院即启动实施了“丹江口水源涵养区绿色高效农业技术创新集成与示范”协同创新任务（CAAS-XTCX2016015）。农业农村部环境保护科研监测所牵头，中国农业科学院农业资源与农业区划研究所、植物保护研究所、蔬菜花卉研究所、饲料研究所、茶叶研究所、麻类研究所、郑州果树研究所，农业农村部南京农业机械化研究所、沼气科学研究所共10个专业研究所、14个创新团队参与，同时联合了十堰市农业科学院、中国富硒产业研究院、安康市农业科学研究院、石泉县农业技术推广站和十堰市郧阳区农业技术推广中心。近五年的协同攻关实践，让我们深刻地认识到，广大农业公司、合作社、种植大户和农户掌握农业高效生产模式是农业可持续发展的基础，技术集成创新是推动农业农村高质量绿色发展的核心，科技活动管理与工作机制创新是所有涉农发展的关键。

《丹江口水源涵养区绿色高效农业模式设计、技术集成与机制创新》一书共三部分：第一部分　丹江口水源涵养区绿色高效农业模式设计，包括第一章和第二章；第二部分　丹江口水源涵养区绿色高效农业技术集成，包括第三章、第四章、第五章和第六章；第三部分　丹江口水源涵养区绿色高效农业科技协同攻关机制创新，包括第七章和第八章。第一章介绍了水源涵养区绿色高效农业模式；第二章介绍了水源涵养区绿色高效农业特色技术；第三章介绍了生态富硒果园种植技术；第四章介绍了生态茶园种植技术；第五章介绍了生态菜园种植技术；第六章归纳了绿色高效农业技术清单；第七章总结了项目组织管理与协同攻关机制；第八章汇编了“丹江口水源涵养区绿色高效农业技术创新集成与示范”项目五年来的工作历程。

希望通过本书引导读者认识丹江口水源涵养保护区的重要性，了解水源涵养区绿色高效农业科技创新的独特性，体验水源涵养区绿色高效农业科技创新活动的细节。本书可供农业生物多样性与生态系统功能、绿色高效农业技术相关领域的科研、管理和生产技术人员参考。由于著者水平所限，疏漏在所难免，敬请读者批评指正。

著　者

2022年5月于天津

目　录

第二部分　丹江口水源涵养区绿色高效农业技术集成

第三部分　丹江口水源涵养区绿色高效农业科技协同攻关机制创新

绪　论

丹江口水源涵养区位于秦岭巴山之间，为确保南水北调供水安全，该区域农业发展、农村建设和农民增收受到严重影响。当前，丹江口水源涵养区农业发展处于绿色生态转型升级期，正探索绿色高效农业创新集成技术，完善绿色高效农业推广机制，实现区域农业可持续发展、生态功能强化与水源供应安全和谐统一。根据丹江口水源涵养区的农业生态特性，研发区域绿色高效农业生产关键技术，创新集成主要农产品全产业链绿色高效生产技术，形成区域绿色高效农业应用推广机制，增加了粮食、蔬菜和水果等农产品供应数量和品质，提高了种植业效益，增加了农业生物多样性，维持了生态系统稳定性，减少了农药投入和农业废弃物排放污染，保护了水源水质安全。

绿色高效农业创新集成技术是食物安全的需要。食物安全是人民群众对美好生活向往的根本体现，是国家安全的基础，对社会稳定、民族富强具有重要意义。2016年中央一号文件正式提出“树立大食物观，面向整个国土资源，全方位、多途径开发食物资源，满足日益多元化的食物消费需求。”绿色高效农业创新集成技术应用推广是践行国家食物安全战略的有效举措。一是丰富了食物种类：丹江口水源涵养区多为坡地且贫瘠的耕地，种植粮食作物产量不高，优化种植结构，发展蔬菜、水果、茶、桑等特色作物，充分发挥了非粮食作物的生长优势，满足了本地区非粮农产品的供应量，还可增加对外地的供应。二是保障了食物品质：通过种养结合有效利用农业废弃物资源，肥田同时减少化学肥料投入，绿色病虫害防控显著减少化学农药的用量，农产品实现无公害生产，提供了农产品产量的同时也满足了消费者对绿色优质农产品的需求。

绿色高效农业创新集成技术是生态安全的需要。生态安全与政治安全、军事安全和经济安全一样，都是事关大局、对国家安全具有重大影响的安全领域。党的十九大报告指出要“坚定走生产发展、生活富裕、生态良好的文明发展道路，建设美丽中国，为人民创造良好生产生活环境，为全球生态安全做出贡献。”丹江口水源涵养区为国家级生态功能涵养和保护区，但是种植结构单一导致了农业生物多样性降低，大量农化品投入随之引发的有害物质积累、农业面源污染和温室气体排放等更是加剧了生物多样性的丧失，区域农田生态系统功能异常脆弱，严重威胁我国的生态安全。水源涵养区绿色高效农业技术创新集成与推广应用，通过重新设计区域农业系统，在维持和提高农业生产功能的同时，对生态系统服务功能如供给、调节、支持等功能进行优化，发挥农业生态系统的多功能性，有力支撑生态安全。

绿色高效农业创新集成技术是水源安全的需要。丹江口水源区是南水北调中线工程核心水源区，为河南、河北、北京、天津四省市沿线地区的20多座城市提供生活和生产用水，是国家水源安全战略的重要支点。《丹江口库区及上游水污染防治和水土保持“十三五”规划》提出“从维护国家水安全的大局出发，紧扣水源区生态优先、绿色发展的功能定位，切实保障水质稳定达标，确保一江清水永续北上。”丹江口水源涵养区的农业（种植业和养殖业）已成为水源区主要污染源，突出问题有种植结构不合理导致的水土流失，化肥施用不当导致的氮磷淋失，种养脱节导致的畜禽粪便排放污染等，严重威胁丹江口水源供应安全。水源涵养区绿色高效农业创新集成技术与推广应用，构建种养循环新模式，利用固碳培肥、农业废弃物肥料化技术，实现防止水土流失与耕地地力提升，达到废弃资源再造效益与水源保护的统一，确保丹江口水源安全。

为此，本项目结合丹江口水源涵养区的自然禀赋和功能定位，围绕农业发展、生态保护和水源安全，改变以往生态农业技术“单兵作战”的形式，打破部门、学科、单位界限，组织跨学科、跨领域的协同攻关，发挥中国农业科学院科研单位研发优势，选育特色作物优质良种，配套绿色高效栽培、病虫害防控、田间管理和产品加工工艺，形成主要农产品全产业链绿色高效生产技术，探明区域面源污染规律，研发污染防控关键技术，构建种养循环新模式，充分利用基层科研单位、农技推广体系的作用，加快研究成果的示范、推广与产业化，促进形成产学研用一体化、大联合大协作的运行机制，推动丹江口水源涵养区绿色高效农业的快速发展与生态建设。

一、丹江口水源涵养区绿色高效农业模式设计

水源涵养区生物多样性利用及种植结构调整与优化：构建了“覆盖作物—鸡—桑”“覆盖作物—鸡—果”共生模式，水稻、麻类、蔬菜、绿肥等轮间作模式，“农田—蜜源植物带—生态廊道”模式，以特色高质作物替代传统粮食作物进行种植结构调整与优化。

水源涵养区主要农产品全产业链绿色高效生产：打造了茶、猕猴桃等主要农产品全产业链绿色高效生产模式，包括优良种质引选育、土壤保水固碳培肥、化肥农药减施增效、水热优化配置高产增效、农田病虫草害绿色高效综合防控、农田氮磷生态拦截、农产品精深加工技术等，形成选种、生产、加工、营销一体化的产业链。

水源涵养区种养循环新模式：改进饲喂设备、改造圈舍结构、改进清粪方式等，降低养殖过程用水量、提高粪污收集效率，实现养殖废弃物肥料化、能源化，废水再循环利用，粪便中抗生素残留消解、重金属钝化，应用低氮磷排放饲料，开发有机肥、沼肥沼液高效施用技术及相关装备。

水源涵养区生态型高效设施农业：集成优化生态型高效设施农业养分平衡调控、化肥替代、水肥药一体化，综合生物防治、物理防治、生态调控、矿物源及生物源农药等病虫害综合防治，应用设施蔬菜病虫害轻简化防控、农药精准化选用、农药减量精准施药。

水源涵养区农村生活污染物控制：构建适合南方丘陵区农村生活垃圾分类、病原菌灭杀、预处理及肥料化，分散式庭院混合污水氮磷强化去除的生物生态耦合处理，建立生活污水湿地处理技术模式。

水源涵养区绿色高效农业评价体系：研究绿色高效农业示范推广服务模式与运行机制，构建农业生态补偿制度与机制，建立生态经济评价体系，评估“丹江口水源涵养区绿色高效农业技术集成与示范项目”实施效果。

丹江口水源涵养区绿色高效农业技术集成与示范：绿色高效生态立体景观构建、农田绿色高效种植、养殖业废弃物高效循环利用、生态型高效设施农业和分散式生活污染物控制等技术集成与示范，推进富硒生态茶、生态鸡、有机菜、有机果等高品质农产品生产，提升农田生态系统服务功能，为同区域或相似生态区的绿色高效农业建设提供典型范例。

二、丹江口水源涵养区绿色高效农业技术集成

丹江口水源涵养区农业绿色高效创新技术集成与推广应用团队抓住绿色高效农业全环节升级、全产业链升值、全主体共享等关键，充分依靠科技创新和协同推广，全面推动农业绿色高效生产、种养耦合、生态循环、面源污染控制、多功能田园生态系统构建，有效提升了丹江口水源涵养区农业绿色高质量发展水平。五年来，示范区内主要农作物亩（1亩≈667m^2）均增产10.5%，农业废弃物资源化利用率90.5%，农用化学投入品施用减量25.5%、利用率提高11.6%，农药残留量降低20.8%，农民收入提高20%。

（1）研发了水源涵养区农田生物多样性复育与生态强化体系。针对水源涵养区单一种植导致农田生物多样性低、水土流失和作物病虫害日益严重、产业结构不合理、经济效益不高等问题，构建了农田生物多样性复育与生态强化技术体系，即在基因水平上开展作物品种/品系多样化种植；在物种水平上农田内轮间套作和农田边界构建非作物条带；在景观水平上构建生态廊道和自然/半自然斑

块。基于以上原理，研发了猕猴桃园生草覆盖—鸡—果共生，桑园豆科牧草覆盖—鸡—桑共生，桑园套种魔芋/花生/马铃薯/甘薯，水稻、麻类、蔬菜、绿肥植物等轮间套作，农田绿植防护带/甲虫堤/蜜源植物带，生态廊道构建等技术，有力支撑了丹江口水源涵养区种植结构优化与生态功能保育。

（2）研发了主要农产品（猕猴桃、茶、桑）全产业链绿色高效生产体系。针对丹江口水源涵养区各地区的自然禀赋，靶向发展特色高价值蔬菜与水果产业，并配套良种、栽培、管理、加工全产业链所需的产品与技术。通过连续多年、多地点的品种与产品评比试验，选育了特色作物的高产耐病新品种，如秋葵新品种（中葵4号、中葵7号）、菜用黄麻新品种（帝王菜4号）、魔芋新品种（安魔128）、猕猴桃新品种（安鑫、汉美）；研制了作物重大病虫害绿色高效防控的微生物菌剂（淡紫紫孢菌、枯草芽孢杆菌、解淀粉芽孢杆菌、枯草芽孢杆菌+粉红粘帚霉）；研制了特色作物高产抗病专用肥，如微生物肥（枯草芽孢杆菌+淡紫拟青霉）、水溶肥（中量元素、腐殖酸）；研制了牵引式魔芋收获机、尾菜厌氧消化沼气装备、有机肥撒施机、移动式沼液灌溉车、沼液安全精准施用控制装置；创制了茶产品（工夫茶、红茶、绿茶）、桑产品（面条、果干、饮料）加工工艺。

（3）研发了水源涵养区的面源污染控制体系。明确了丹江口库区农业地表径流及其水质污染特征，识别出流域水质污染风险变量，明确了主要潜在污染物时空排放规律，测算出流域污染负荷并分析污染物来源贡献，证实种养业的氮磷随着水土流失进入水体是引起流域面源污染负荷偏高的根本原因。基于产业实际，研发了种植业化肥减量增效技术、固碳培肥技术、种养循环技术（种养业废弃物以及动植物产品加工副产物的资源化、秸秆还田、沼肥沼液消纳），源头阻控污染；研发了果菜桑园生草技术、生态沟渠、人工湿地、近水植物缓冲带技术，中端拦截污染；研发了人工净化塘技术，末端治理污染。

三、丹江口水源涵养区绿色高效农业科技协同攻关机制创新

牵头单位农业农村部环境保护科研监测所制定了《协同创新运行管理办法》，建立咨询专家跟踪、用户参与评价、业绩考评管理、成果公示共享等管理组织实施制度，确保丹江口水源涵养区绿色高效农业创新集成技术的科学性与适用性，湖北省十堰市和陕西省安康市制订各自的工作实施方案，由农业农村局及下属单位逐一落实到县乡，做到制度有保障；组建了“部属+地市属+县属”不同层级、“育种+栽培+植保+土肥+农机+加工+农经”不同专业的创新集成与应用推广队伍，做到人员有保障；按照“创新研发在中央、统筹协调在地市、集成示范在县乡、指导服务在村屯”思路，通过中央单位引领和地方单位主导，实现不同层级、部门、专业的联动和各部分、各环节、各要素的协同，做到组织有保障；针对丹江口水源涵养区农业绿色高质量发展过程的瓶颈技术需求，按照“整体、协调、循环、再生”的原则，推进技术精准攻关、资源共创共享，研发了水源涵养区农田生物多样性复育与生态强化、主要农产品（猕猴桃、茶、桑）全产业链绿色高效生产、农业面源污染控制体系，形成了丹江口水源涵养区绿色高效农业创新集成技术模式，做到技术有保障；中国农业科学院从院科技创新工程资金拨出专款支持“丹江口水源涵养区绿色高效农业技术创新集成与示范”，同时积极联合中央农田基本建设和地方生态农业专项，做到资金有保障。

第一部分

丹江口水源涵养区绿色高效农业模式设计

第一章　水源涵养区绿色高效农业模式

一、背景及现状

农业集约化生产促使全世界粮食生产在过去50年间增长3倍以上，但过分追求农业生态系统的供给功能，忽略了农业生态系统的支持、调节、文化等服务功能，导致农业生态系统的各项功能失衡。农田管理强度增加和农业景观简化导致农田生态系统物种特性消失，生物趋于均一化，成为农业生物多样性丧失的主要驱动因素，动摇了农田生态系统结构和功能维持稳定的根基。大量的农化品投入导致了有害物质积累、农业面源污染和温室气体排放等，加剧了生物多样性丧失。农业过度集约化生产模式危害了人类赖以生存的生态环境，降低了食物的品质，极大地制约了农业可持续发展。

绿色高效是联合国农业可持续发展目标的核心，也是提升全球粮食和营养安全的重心，通过重新设计农业系统，在维持和提高农业生产功能的同时对生态系统所有服务功能如供给、调节、支持等功能进行优化，最终达到可持续集约化的目的。绿色高效农业保留了集约化的高效，发挥生态系统内各部分的协同作用，充分利用自然资源提供的服务，达到增加产量、提高品质和保护生态的多重目的，对保障国家粮食安全、农产品质量安全和生态安全具有重要意义。

丹江口水源涵养区农业农村发展面临诸多问题，表现为农田生态系统结构失衡功能退化、农业面源污染加剧、农业发展不可持续，分析其成因主要有以下5个方面：一是区域种植业结构布局不合理，土地利用强度大，农业生物多样性降低；二是土壤酸化、耕作层变浅，耕地质量下降；三是是农药、化肥等投入强度高，使用不合理；四是种养脱节，农业废弃物不能实现资源化利用；五是农村生活垃圾和污水随意排放，污染严重。长期以来，我们的农业科技支撑，更多关注于病虫害防治、水肥管理、面源污染治理等单项技术推广应用，从农田生态系统健康管理角度，设计模式、集成技术，推动农业绿色高效发展的机制薄弱。

二、模式及技术

面向丹江口水源涵养区农业农村发展的实际需求，提升区域水源涵养功能、水质保护功能和优质农产品生产功能，促进区域绿色协调可持续发展，按照“整体、协调、循环、再生”的原则，从涵养区种植业、养殖业和农村生活生产一体化系统化设计，将各种技术集成优化组合，建立以绿色高效种养耦合技术为先导、以发挥农业多功能性为核心、以污染物阻控和消减氮磷面源污染为重点，通过生物多样性利用与种植结构调整优化、主要农产品全产业链绿色高效技术创新集成、水源涵养区种养循环新模式构建、生态型高效设施农业技术创新集成、农村生活污染物控制技术的创新集成，构建水源涵养区绿色高效农业模式。该整体性、区域性、全产业链的技术解决方案由十大关键技术组成。

（一）区域农田生物多样性利用与生态强化技术

针对水源涵养区单一种植导致农田生物多样性低、水土流失和作物病虫害日益严重、产业结构不合理、经济效益不高等问题，基于利用生物多样性原理，研发了猕猴桃园生草覆盖—鸡—果共生，桑园豆科牧草覆盖—鸡—桑共生，桑园套种魔芋/花生/马铃薯/甘薯，水稻、麻类、蔬菜、绿肥植物等轮间作，农田绿植防护带/甲虫堤/蜜源植物带，生态廊道构建等技术，对区域种植业结构进行调整与优化，形成丹江口水源涵养区立体绿色高效生态的种植业模式。

（二）主要农产品（猕猴桃、茶、桑）全产业链绿色高效生产技术

针对水源涵养区特色农产品优势不明显竞争力不强的问题，重点打造猕猴桃、茶、桑的绿色高效全产业链。猕猴桃集成了良种选育、高抗砧木选用、果园生草、有机肥替代、机械授粉、“一干两蔓”整形、果品储藏；茶集成了良种选育、富硒施肥、有机肥替代、沼液滴灌、“羊—草—茶”生态沼液、工夫红茶加工工艺改进；桑集成了良种选育、沼液沼肥利用、“桑—鸡”沼液、桑果食品加工、桑枝养菌。

（三）低产田改土培肥技术

针对库区适农新垦土地土壤黏重、耕性差、土壤有机质与养分含量低等问题，形成了“河沙+化肥+石灰+生物炭+沼液”的低产田改土培肥技术。

（四）富硒农产品生产技术

为提升农产品品质价值，引入富硒技术改良茶，集成茶种选用、硒肥施用、硒元素富集调控、茶叶硒含量检验、茶加工保硒技术，形成了富硒茶生产技术。

（五）病虫害绿色防控技术

针对水源涵养区传统蔬菜高水高肥、农药过量施用、土壤质量下降、面源污染风险高等问题，集成化肥替代技术、水肥药一体化技术，综合生物防治、物理防治（防虫网与黄板、高温、臭氧）、生态调控（吸引或驱避植物、推拉系统）、矿物源及生物源农药等病虫害综合防治技术，农药精准化选用技术、农药减量精准施药技术，形成蔬菜病虫害绿色防控技术，如蔬菜根结线虫病土壤消毒与生物菌肥防控技术、魔芋软腐病绿色高效防控技术。

（六）种养耦合循环技术

针对水源涵养区养殖业生产设施及技术落后、废弃物达标排放率低、种养脱节等问题，通过改进清粪方式，降低养殖过程用水量、提高粪污收集效率，达到养殖废水减量，集成养殖废弃物肥料化、废水再循环利用技术，粪便生物除臭技术、粪便抗生素残留消解、重金属钝化技术，有机肥、沼肥沼液高效施用技术，形成了丹江口水源涵养区种养循环新模式。

（七）低氮磷排放环保饲料生产技术

集成了饲料原料选用、添加合成氨基酸或寡肽控制氮排泄、添加植酸酶控制磷排泄、抗生素替代（酶制剂、微生态制剂、中草药、酸化剂、寡聚糖、甜菜碱、糖萜剂和生物肽添加剂等）、添加活性炭/沙皂素等除臭剂、饲料制粒以及膨化工艺技术，形成了生长猪低氮磷重金属排放环保饲料和蛋鸡低氮低磷排放的环保饲料。

（八）养殖废弃物农田安全高效消纳技术

针对规模化畜禽养殖废水（畜禽的粪、尿和圈栏冲洗用水等）污染问题，通过沼液输送工程，包括沼液暂存池、沼液养分监测及智能灌溉控制设备、大量元素配肥桶、微量元素配肥桶和微喷灌管路系统，实现设施/露地果菜沼液利用，形成了丹江口水源涵养区养殖废弃物农田安全高效消纳技术。

（九）区域面源污染控制技术

针对水源涵养区农业面源污染问题，以减少农田氮磷投入为核心、拦截农田径流排放为抓手、实现排放氮磷回用为途径、水质改善和生态修复为目标，形成了“土壤养分固持—源头控制—过程拦截—末端治理利用”农业面源污染控制技术模式。养分固持技术涉及肥料增效剂、土壤改良剂和填闲作物种植技术；源头控制涉及果园、茶园的化肥减施增效和菜地、粮田的保水培肥技术；过程拦截涉及农田内部的拦截技术（稻田生态田埂、生物篱、生态拦截缓冲带、果园生草）和农田后拦截阻断技术（生态拦截沟渠、人工湿地塘、生态丁型潜坝、生态护岸边坡、土地处理系统）；末端治理利用涉及种养循环利用技术（沼液利用、秸秆还田、尾菜饲料化加工）和生态修复技术（河岸带滨水湿地恢复、生态浮床、水产养殖污水的沉水植物和生态浮床组合净化）。

（十）分散式生活污染物控制技术

集成乡村生活污水控制技术和乡村生活垃圾控制技术，形成了分散式生活污染物控制技术。乡村生活污水控制技术包括一体化污水处理、分散式无动力生活污水处理、乡村生活污水微生物强化、快滤、乡村生活污水农田安全消纳、乡村生活污水人工湿地、厌氧消化；乡村生活垃圾控制技术包括垃圾分类处理、厌氧发酵、好氧堆肥技术。

第二章　水源涵养区绿色高效农业特色技术

紧密结合水源涵养区的生产实际与产业迫切需求，及时修正攻关目标和重点，先后为十堰市、安康市设计11项急需联合攻关的关键技术，由当地农业科学院负责实施，不仅有效地联合了中央与地方的科研力量，并增强了攻关的强度，同时为基层培养锻炼了人才，也调动了基层科技人员的积极性和主动性。

第一节　魔芋软腐病绿色高效防控技术

一、研究背景

目前魔芋生产存在的问题是，农户对魔芋病害防控观念淡薄，在种芋储藏前一般不进行预处理，种芋储藏时及播种之前也不进行药剂粉衣、包衣、浸种等处理，有的农户往往看见病害严重发生后，才开始喷药，但为时过晚。同时，农户忽视了魔芋健康栽培和合理套种对魔芋软腐病的综合防治效果，不注重农事操作等。在没有防治魔芋软腐病特效药、无抗病品种的情况下，研究药剂浸种、栽培管理等对魔芋软腐病的综合防治技术，是魔芋产业绿色发展的主要方向，也是突破魔芋产业发展瓶颈必要途径。药剂浸种、土壤消毒及提供魔芋良好的生长环境（海拔高度、温湿度、遮阴等）是魔芋软腐病综合防治的主要技术手段。通过结合现有的魔芋软腐病抗病栽培技术手段及水源涵养区的地理环境，开展药剂浸种、土壤消毒、套种栽培、遮阴栽培等不同处理情况下魔芋种植发病情况研究，找到适合水源涵养区魔芋高产抗病栽培种植模式，以期为提高魔芋产业经济效益及魔芋软腐病防治提供理论依据和技术支撑。

二、研究方法

以花魔芋为试验品种，2019年在十堰市郧阳区谭家湾镇五道岭村心怡蔬菜专业合作社（东经110°51′12″，北纬32°55′19″）开展魔芋高产抗病栽培种植模式试验，共设置5个处理。供试药剂75%百菌清可湿性粉剂购置于当地农贸市场，30%琥胶肥酸铜悬浮剂（扫细）、1 000亿个/g枯草芽孢杆菌可湿性粉剂（冠蓝）购置于北京中保绿农科技集团有限公司。

处理1（CK）：空白对照，不做任何处理。

处理2（常规消毒）：75%百菌清可湿性粉剂1 000倍液进行种芋消毒30 min。

处理3（扫细消毒）：30%琥胶肥酸铜悬浮剂400倍液进行种芋消毒30 min。

处理4（冠蓝包衣）：清水湿润魔芋表面后使用1 000亿个/g枯草芽孢杆菌可湿性粉剂进行种芋包衣处理。

处理5（常规消毒+冠蓝包衣）：75%百菌清可湿性粉剂1 000倍液进行种芋消毒30 min，然后再使用1 000亿个/g枯草芽孢杆菌可湿性粉剂进行种芋包衣处理。

魔芋播种时间：4月4日，开始出苗时间：6月5日，齐苗时间：7月9日。玉米播种时间5月28日。魔芋种植采取高垄栽培，小区面积1.2 m × 24 m=28.8 m^2，每个小区播种魔芋120个，采用2行魔芋+2行玉米的套种模式（图2-1）。播种时培土起垄，使垄（堆）达到15 ~ 20 cm，垄宽1.2 m，垄上开2行种植沟，种植沟行距60 cm，然后放种芋，种芋株距40 cm，放球形种芋时将魔芋主芽朝上并向东方微倾，播根状茎时将顶芽向上且基部插入土壤中，然后细土覆盖。玉米播种时间一般晚于魔芋20 ~ 30 d，播种时玉米沿垄边插空播种。处理之间播种4行玉米进行隔离。魔芋出苗后，调查记录每个处理发芽率；魔芋开始发病时，每隔1周调查每个处理魔芋发病株数并铲除病株。

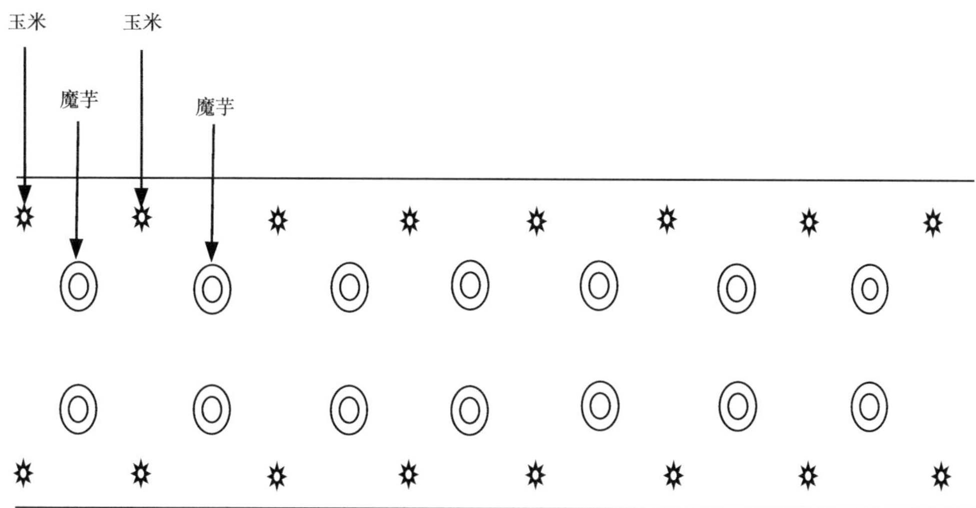

图2-1　魔芋玉米1：1套种示意图

三、结果与讨论

试验区魔芋出苗期持续时间较长，从6月5日开始出苗，至7月9日时各处理的魔芋出苗率达到最大值，现以7月9日统计的出苗率作为魔芋最终出苗率进行数据分析。由表2-1可以看出，不同处理的魔芋出苗率为51.94%～78.33%，其中冠蓝包衣处理后的出苗率最低，常规消毒+冠蓝包衣处理后的出苗最高。扫细消毒、冠蓝包衣处理出苗率低于对照，尤其是冠蓝包衣处理，比对照低了28.91%，说明枯草芽孢杆菌处理后对魔芋的出苗率可能存在一定抑制作用。其余2个处理出苗率均高于对照。

表2-1　魔芋出苗率

处理	出苗率/%	与对照对比出苗率的增减率/%	与常规消毒对比出苗率的增减率/%
对照	73.06	0.00	−6.08
常规消毒	77.50	+6.08	0.00

（续表）

处理	出苗率/%	与对照对比出苗率的增减率/%	与常规消毒对比出苗率的增减率/%
扫细消毒	71.11	−2.67	−8.75
冠蓝包衣	51.94	−28.91	−34.98
常规消毒+冠蓝包衣	78.33	+7.21	+1.14

试验区魔芋6月25日左右开始发病，魔芋发病后每2周调查1次发病率，9月中旬后发病率基本稳定，现以9月9日统计的发病率作为魔芋软腐病最终发病率进行数据分析。由表2-2可以看出，不同处理的魔芋发病率为65.36%～81.82%，以常规消毒处理魔芋发病率最高，扫细消毒处理魔芋发病率最低。除常规消毒处理外，其余处理发病率均低于对照，其中扫细消毒处理与对照相比魔芋发病率降低了18.44%。常规消毒的魔芋发病率反而高于对照，可能是因为常年使用常规消毒剂进行魔芋种芋消毒或喷洒防治，使魔芋软腐病的病原菌产生了抗药性，所以在魔芋软腐病的防治过程中要经常性地更换防治药剂，从而增加防效。

表2-2　魔芋发病率

处理	发病率/%	与对照对比出苗率的增减率/%	与常规消毒对比出苗率的增减率/%
对照	78.83	0.00	−4.09
常规消毒	81.82	+4.09	0.00
扫细消毒	65.36	−18.44	−22.53
冠蓝包衣	76.57	−3.09	−7.19
常规消毒+冠蓝包衣	68.60	−14.00	−18.09

由此可见，魔芋软腐病的防控是一个系统工程，需要对种植地、储藏期种芋处理、种植前种芋处理、种植管理等多个环节进行控制。首先种植前，需要根据种植地耕作历史及发病情况，决定是否适合魔芋种植，以及应采取的防病措施。重点包括：①魔芋种植地选择，宜选新地，前茬玉米、南瓜种植地，忌白菜、番茄、胡萝卜地，选择排水良好、具有遮阴条件的沙地、坡地，忌黏土，忌在病地连茬种植，可轮作玉米或南瓜或种植芥菜、圆白菜类蔬菜，将收获后的菜叶作为绿肥翻耕到地里，进行土壤生物熏蒸，种植2茬以上，减少土壤中带菌量，减轻病害的发生；②种芋选择和处理，尽量选择无病地种植的魔芋作为种芋，冬储前清洗魔芋，选用枯草芽孢杆菌等生物药剂或扫细杀菌剂处理魔芋，播种前，可选用75%百菌清可湿性粉剂1 000倍液浸种面后再用1 000亿个/g枯草芽孢杆菌可湿性粉剂包衣；③种植管理，田间忌积水，种植田块周围挖沟使排水流畅及时排水，起垄栽培单行种植，间作2行玉米遮阴，施用的农家肥或秸秆粪肥一定要腐熟，避免带入其他病菌，加重病害发生。

第二节　魔芋软腐病和白绢病生态调控技术

一、研究背景

随着魔芋用途的不断发掘，其市场需求量日益增加，魔芋播种面积呈逐年上升趋势。魔芋繁殖系数低，软腐病和白绢病连年发生，防治难度大，给农业生产带来巨大损失。生产上急需一套绿色高效的防病技术。我国可耕地面积逐渐减小，要使农业可持续发展，唯一的出路在于提高土地、时间和空间利用效率。因此，间作种植方式在现代农业生产中就显得格外重要，不同作物的间作系统与实践是实现土地、劳力、养分等在时间和空间利用上集约化的一种种植模式，同时有病害调控的生态作用。本研究通过筛选合适的魔芋间作植物及模式，探索不同作物间作体系对魔芋软腐病和白绢病的生态调控作用及对土壤生物多样性的影响。以期通过地上部、地下部生物多样性的丰富和优化控制魔芋软腐病和白绢病的发生，与此同时充分利用各地光、热、水、土、特色种质等资源，大力发展不同作物间作体系，提高农业生产的综合效益。

二、研究方法

（一）魔芋间套作物筛选

2018—2019年，在安康市农业科学研究院基地（东经108°48′3″，北纬32°43′56″）进行。供试魔芋品种为云南引种的白魔芋，玉米选用安科126，蓖麻选用高秆野生种子，紫花苜蓿选用抗病耐热品种，马齿苋选用野生马齿苋种子，绿豆选用中绿1号，荞麦选用黔苦3号。

2种不同的高秆遮阴作物间作下，选取5种不同的覆盖作物，共10个处理，每个处理3次重复，每个重复为1个小区。处理与重复小区按裂区设计排列（图2-2）。魔芋与玉米间作下无套种对照（A1）、套种马齿苋（A2）、套种矮秆绿豆（A3）、套种苦荞麦（A4）、套种紫花苜蓿（A5）。魔芋与蓖麻间作下无套种对照（B1）、套种马齿苋（B2）、套种矮秆绿豆（B3）、套种苦荞麦（B4）、套种紫花苜蓿（B5）。每个处理中，魔芋株行距均为60 cm × 60 cm，选择无病斑、无裂痕、大小基本上相同的种芋（100 g左右）。4月10日，试验小区进行播种，复合肥和农家肥同时作为底肥一次性施入。玉米播种时间为5月20日，蓖麻播种时间为5月5日，根据出苗情况补苗2次。玉米套种密度，2行魔芋+2行玉米，玉米株行距40 cm × 60 cm。蓖麻套种密度，2行魔芋+1行蓖麻，蓖麻株距150 cm。魔芋开始发病时，每隔1个月调查每个处理魔芋发病株数（软腐病和白绢病病株总和）并铲除病株，调查产量及土壤微生物数量。

A4	A3	A5	A2	A1	B2	B1	B4	B3	B5
B2	B3	B1	B4	B5	A3	A4	A1	A5	A2
A3	A1	A4	A5	A2	B1	B5	B3	B4	B2

图2-2　试验小区分布示意图

（二）魔芋病害防控生物制剂筛选

2019年，在安康市石泉县云雾山镇官田村魔芋示范基地（东经108°19′0″，北纬33°10′30″）开展。供试魔芋材料为安康市农业科学研究院自主选育的魔芋杂交新品种安魔128，挑选大小均一的安魔128根状茎（50～70 g），并对种子进行消毒处理，于3月31日播种。供试木醋液购自陕西金秸生物能源有限公司，5%大蒜素微乳剂购自成都新朝阳作物科学股份有限公司，亚康力诺有机多肽酶活性促进剂购自济南亚康力诺生物工程有限公司。

设置5个处理分别为：B1，空白对照；B2，木醋液；B3，5%大蒜素微乳剂；B4，亚康力诺有机多肽酶活性促进剂。每个处理3次重复。小区面积4.6 m×1.4 m，魔芋播种株行距30 cm×60 cm，各重复内处理随机排列，魔芋播种双行起垄垄宽1.4 m，垄高20 cm。具体用量及用法：木醋液1∶100倍灌根+1∶（200～300）倍叶喷；5%大蒜素微乳剂15 mL兑水15 L叶喷；亚康力诺有机多肽酶活性促进剂，1 mL/kg种子适当稀释拌种。调查不同处理不同时期魔芋软腐病和白绢病的发病率和土壤微生物数量。

三、结果与讨论

（一）间套作模式对魔芋发病率、魔芋产量和土壤微生物的影响

试验田块并无白绢病发生，因此，田间的发病率以软腐病发病率计算。由表2-3可知，较玉米—无地表套种作物（A1），玉米—矮秆绿豆（A3）、玉米—苦荞麦（A4）能显著降低魔芋软腐病发病率，分别降低21.38%个百分点和17.69%个百分点。较蓖麻—无地表套种作物（B1），蓖麻—苦荞麦（B4）能显著降低魔芋发病率，降低17.55%个百分点。同时，玉米—紫花苜蓿（A5）、玉米—马齿苋（A2）、蓖麻—矮秆绿豆（B3）、蓖麻—紫花苜蓿（B5）、蓖麻—马齿苋（B2）处理也能在一定程度上降低魔芋软腐病的发生，但较空白对照差异不显著。

表2-3　不同间套作物种植模式对魔芋软腐病的影响　　单位：%

处理	各生长时期发病率				累计发病率
	种球茎衰减期	叶和球茎迅速生长期	球茎继续膨大充实期	球茎成熟休眠期	
A1	1.33	5.31	19.44	25.16	36.84±5.26 a
A2	0.00	4.42	9.75	15.68	30.11±5.12 ab

（续表）

处理	各生长时期发病率				累计发病率
	种球茎衰减期	叶和球茎迅速生长期	球茎继续膨大充实期	球茎成熟休眠期	
A3	0.00	5.77	8.13	13.27	15.46 ± 1.38 b
A4	0.00	6.33	9.80	15.67	19.15 ± 3.81 b
A5	0.67	1.98	9.51	21.43	29.41 ± 9.28 ab
B1	2.67	2.35	16.26	34.21	37.21 ± 1.26 a
B2	1.33	8.32	12.45	19.02	30.43 ± 1.11 ab
B3	0.00	4.35	7.39	18.48	27.36 ± 0.98 ab
B4	0.00	1.53	6.76	14.07	19.66 ± 3.41 b
B5	1.33	5.49	11.74	24.41	28.86 ± 1.76 ab

在自然、气候条件，种芋球茎大小、施肥量以及农间耕作管理都相同的情况下，表2-4结果表明，不同处理对魔芋的球茎鲜重、小区实际产量有一定的影响，存在显著差异，各处理间魔芋芋鞭数、球茎总数差异不显著。蓖麻—苦荞麦（B4）处理下魔芋总重量最高，较蓖麻—无地表套种作物（B1）增重1.06 kg。

表2-4　不同间套作物种植模式对魔芋产量的影响

处理	芋鞭平均数/个	球茎平均重量/g	总重量/kg	球茎总数/个
A1	6.2 ± 0.7 a	144 ± 23 ab	7.19 ± 2.18 b	27 ± 3 a
A2	6.9 ± 0.7 a	159 ± 28 a	7.20 ± 2.56 b	26 ± 2 a
A3	6.4 ± 0.6 a	125 ± 17 b	7.09 ± 2.45 b	22 ± 3 a
A4	6.5 ± 0.3 a	147 ± 32 ab	7.83 ± 2.76 ab	24 ± 2 a
A5	6.1 ± 0.5 a	140 ± 33 ab	7.53 ± 2.45 ab	28 ± 3 a
B1	6.2 ± 0.6 a	144 ± 17 ab	7.31 ± 2.10 b	27 ± 2 a
B2	6.5 ± 1.0 a	151 ± 32 ab	7.96 ± 2.47 ab	23 ± 3 a
B3	6.7 ± 0.7 a	137 ± 15 b	7.63 ± 2.12 ab	25 ± 5 a

（续表）

处理	芋鞭平均数/个	球茎平均重量/g	总重量/kg	球茎总数/个
B4	6.3 ± 0.3 a	153 ± 30 ab	8.37 ± 1.19 a	28 ± 2 a
B5	6.6 ± 0.5 a	150 ± 20 ab	7.55 ± 2.20 ab	26 ± 3 a

由表2-5可知，较玉米—无地表套种作物（A1），玉米—马齿苋（A2）、玉米—矮秆绿豆（A3）、玉米—苦荞麦（A4）、玉米—紫花苜蓿（A5）均能增加土壤中细菌的数量，且玉米—苦荞麦（A4）的种植模式下土壤中细菌数量最多。较蓖麻—无地表套种作物（B1），蓖麻—马齿苋（B2）、蓖麻—矮秆绿豆（B3）、蓖麻—苦荞麦（B4）、蓖麻—紫花苜蓿（B5）均能增加土壤中细菌的数量，且蓖麻—紫花苜蓿（B5）的种植模式下土壤中细菌数量最多。较蓖麻—无地表套种作物（B1），蓖麻—马齿苋（B2）、蓖麻—矮秆绿豆（B3）、蓖麻—苦荞麦（B4）、蓖麻—紫花苜蓿（B5）均能增加土壤中真菌的数量，且蓖麻—苦荞麦（B4）的种植模式下土壤中真菌数量最多。较蓖麻—无地表套种作物（B1），蓖麻—马齿苋（B2）、蓖麻—矮秆绿豆（B3）、蓖麻—苦荞麦（B4）、蓖麻—紫花苜蓿（B5）均能增加土壤中放线菌的数量，且蓖麻—马齿苋（B2）的种植模式下土壤中放线菌数量最多。

表2-5 不同间套作物种植模式对魔芋地块土壤微生物的影响

处理	细菌/（$\times 10^8$ cfu/g）	真菌/（$\times 10^5$ cfu/g）	放线菌/（$\times 10^7$ cfu/g）
A1	18.16 ± 0.16 b	30.40 ± 0.15 a	34.92 ± 0.12 a
A2	19.23 ± 0.20 a	30.38 ± 0.15 a	35.24 ± 0.15 a
A3	19.17 ± 0.17 a	28.35 ± 0.23 b	34.93 ± 0.37 a
A4	19.25 ± 0.21 a	30.34 ± 0.14 a	35.32 ± 0.25 a
A5	19.16 ± 0.16 a	30.26 ± 0.21 a	35.21 ± 0.14 a
B1	18.18 ± 0.22 b	27.37 ± 0.11 b	32.11 ± 0.13 b
B2	19.25 ± 0.15 a	30.43 ± 0.31 a	35.19 ± 0.13 a
B3	19.24 ± 0.59 a	30.39 ± 0.11 a	35.04 ± 0.16 a

（续表）

处理	细菌/（$\times 10^8$ cfu/g）	真菌/（$\times 10^5$ cfu/g）	放线菌/（$\times 10^7$ cfu/g）
B4	19.18 ± 0.18 a	30.57 ± 0.31 a	34.27 ± 0.16 a
B5	19.29 ± 0.09 a	30.52 ± 0.38 a	34.52 ± 0.32 a

（二）生物制剂处理对魔芋发病率和土壤微生物的影响

2019年试验田块并无白绢病发生，因此，田间的发病率以软腐病发病率计算。由表2-6可知，该试验中魔芋在种球茎衰减期几乎不发病，随着魔芋生育期的延长，不同处理的软腐病发病率整体呈上升趋势，其中B2软腐病累计发病率最低，达10.64%，其次是B3，软腐病累计发病率为14.51%，2个处理间差异不显著，但较空白对照（B1）差异均显著。木醋液、5%大蒜素微乳剂均有较好的防治魔芋软腐病的效果，而B4累计发病率达29.14%，较空白对照（B1）而言差异不显著，表明亚康力诺多肽酶活性促进剂（B4）对魔芋软腐病的防治效果较差。

表2-6　不同生物制剂处理下魔芋软腐病的发病率　　单位：%

处理	各生长时期发病率				累计发病率
	种球茎衰减期	叶和球茎迅速生长期	球茎继续膨大充实期	球茎成熟休眠期	
B1	0.00	2.35	16.26	—	36.84 ± 5.26 a
B2	0.00	3.27	1.40	—	10.64 ± 1.83 b
B3	0.00	0.60	2.80	—	14.51 ± 4.18 b
B4	0.55	1.89	9.15	—	29.14 ± 11.82 a

注：球茎成熟休眠期（9月底至10月底）受极端天气影响，大田魔芋植株普遍提前倒苗，故该时期的软腐病发病率未能准确统计。

由表2-7可知，B4真菌与细菌的比值最高，但较空白（B1）对照而言差异不显著，表明亚康力诺有机多肽酶活性促进剂（B4）处理后，土壤中的微生物菌群改善有限，而木醋液（B2）和5%大蒜素微乳剂（B3）的真菌与细菌的比值均显著小于对照。

表2-7　不同生物制剂处理下魔芋地块的土壤微生物数量

处理	细菌/（$\times 10^7$cfu/g）	放线菌/（$\times 10^3$cfu/g）	真菌/（$\times 10^3$cfu/g）	真菌：细菌/（$\times 10^{-4}$）
B1	2.766 7 ± 0.077 7 d	3.036 7 ± 0.060 3 c	3.046 7 ± 0.058 6 b	1.102 0 ± 0.045 0 a
B2	5.796 7 ± 0.116 6 a	4.250 0 ± 0.256 3 a	2.346 7 ± 0.123 0 c	0.404 7 ± 0.011 4 c
B3	4.306 7 ± 0.132 6 b	3.946 7 ± 0.121 1 b	2.833 3 ± 0.307 5 b	0.500 3 ± 0.073 5 b
B4	3.100 0 ± 0.183 3 c	3.320 0 ± 0.185 1 c	3.510 0 ± 0.178 9 a	1.132 6 ± 0.007 8 a

综上可见，在玉米、蓖麻间作下套种不同地表作物，可显著降低魔芋病害的发生和增加土壤微生物的数量。而且，在一定遮阴条件下种植，有利于魔芋产量的提高。与此同时，生物制剂的施入，也能显著降低魔芋病害的发生和改善土壤微生物菌群。土壤中微生物的种类和数量直接影响魔芋的水分和养分的吸收，与植物生长的关系密不可分。间作可以使不同种植作物之间产生根系交互作用，使土壤中营养成分增加，从而明显提高了土壤中微生物的数量。对于种植魔芋而言，在间作模式上可以选择玉米—魔芋—苦荞麦、玉米—魔芋—矮秆绿豆、蓖麻—魔芋—苦荞麦等，生物制剂可以选择木醋液。通过不同作物间作和使用生物制剂，使魔芋地块地上部、地下部生物多样性得到丰富和优化，从而控制魔芋软腐病和白绢病的发生，因此，田块不同作物间作种植将促进魔芋特色产业的快速发展。

第三节　猕猴桃绿色高效生产技术

一、研究背景

处于水源涵养区的陕南地区属于猕猴桃新区。近年来，安康市的岚皋县、汉阴县、平利县，汉中市的城固县、勉县，商洛市的山阳县、洛南县大力发展猕猴桃产业，总面积已经超过30万亩。省内的陕西果业集团、齐峰果业等也在陕南地区纷纷建设优质果品基地。猕猴桃产业成为陕南山区脱贫攻坚和乡村振兴的关键性支撑产业之一。由于发展猕猴桃产业的时间较晚，陕南地区从品种、栽培、管理，基本沿用关中技术，而关中地区与陕南地区的自然、气候、技术、土壤、劳动力及社会条件差异很大。陕南地区果园立地条件较差，坡地排灌要求条件异于坡地，管理难度相对较高，对品种也有较高要求，不少果农种因猕猴桃种植技术不过关难以达到高产优质的目的。本研究通过筛选适宜本区域的优良品种、培育适宜的当地品种和抗性强的砧木、探索山地建园方式、提高土壤通透性及改善果树根际微生态环境等，克服山区不利的土地和劳动力条件，减少农药化肥的使用，增强猕猴桃的生长能力，提升果实产量和品质，对提升本区域猕猴桃产业标准化、规模化、品牌化水平，做优产业特色，做强产业竞争力非常关键，将在助推乡村振兴战略的实施中起到重要的作用。

二、研究方法

引进国内主栽的猕猴桃品种进行比较试验，调查各品种在安康的萌芽率、果枝率、坐果率和发病率生长表现指标，检测各品种的果品单果重、可溶性固形物、可滴定酸、固酸比和维生素C含量品质指标，以筛选出适宜安康地区的主栽猕猴桃优良品种。

筛选了4个猕猴桃砧木，通过调查三年生根系的鲜重、总长、分枝、粗度和密度等生长指标，以及与主栽品种的嫁接成活率等，选择适宜的优良砧木。

针对安康地区雨水较多且分布不均，往往春秋易涝、夏季易旱，于2019年在安康市农业科学研究院果树基地（东经108°48′3″，北纬32°43′56″）新建猕猴桃园8亩，深挖打破犁底层、起垄栽培、行间开深浅沟、幼园栽种甘薯等措施，研究栽培模式对园土水分变化的影响。栽植行起垄，垄高20 cm、垄宽2 m，垄下深翻80 cm打破犁底层。沟宽1 m，沟下均未深翻；浅沟深20 cm，与垄平面垂直距离40 cm；深沟深40 cm，与垄平面垂直距离60 cm。甘薯栽种于垄边两侧，每20 cm栽1株，在高温期6—9月可将垄和沟盖严。栽培模式共设6个处理：处理1为裸露的浅沟，处理2为被甘薯覆盖的浅沟，处理3为裸露的深沟，处理4为被甘薯覆盖的深沟，处理5为裸露的栽植垄，处理6为被甘薯覆盖的栽植垄。在连续晴天10 d后调查各处理不同深度的水分变化，以垄平面为基准，向下每20 cm取1个样，取5个高度，浅沟取3个高度，深沟取2个高度。

三、结果与讨论

（一）引种

从表2-8和表2-9可以看出，徐香、翠香、脐红、金艳等品种在安康地区综合表现较优。

表2-8　不同品种猕猴桃在安康地区的生长特性调查　　单位：%

品种	萌芽率	果枝率	坐果率	发病率
徐香	63.2	82.5	97.1	1.2
秦美	43.2	76.0	82.3	1.1
红阳	78.0	85.2	71.5	16.5
脐红	88.9	94.5	97.4	5.2
华优	86.5	81.0	92.2	3.4
金艳	60.0	76.2	86.6	1.2
金桃	56.3	84.6	88.0	2.5
黄金果	58.1	76.7	90.7	21.0
翠香	62.7	77.5	87.3	2.2
农大金猕	59.3	66.6	88.1	4.5
农大郁香	73.4	69.2	89.4	2.6

表2-9　不同品种猕猴桃果实品质调查

品种	单果重/g	可溶性固形物/%	可滴定酸/%	固酸比	维生素C含量/（mg/100 g）
徐香	82.44	14.5	1.28	11.33	94.60
秦美	93.28	13.6	1.73	7.86	86.25
红阳	89.37	16.8	0.90	18.67	73.70
脐红	78.35	18.4	1.22	15.08	89.42

（续表）

品种	单果重/g	可溶性固形物/%	可滴定酸/%	固酸比	维生素C含量/（mg/100 g）
华优	89.92	13.4	1.47	9.12	77.57
金艳	80.25	14.8	1.26	11.75	89.00
金桃	78.27	13.8	0.90	15.33	73.70
黄金果	69.11	16.0	1.15	13.91	67.57
翠香	85.21	15.8	1.31	12.06	92.31
农大金猕	78.26	15.4	1.14	13.51	88.30
农大郁香	102.29	13.9	1.38	10.07	78.42

（二）新品种选育

从秦岭山中的野生猕猴桃中选育出1个新品种——秦红。该品种果实长圆柱形，美观端正，平均单果重92.47 g，最大单果重为130.28 g；果肉绿白色，内果皮呈放射状红色，果肉细腻，香甜爽口；可溶性固形物含量17.8%～19.2%，总酸含量9.44～10.23 g/kg，总糖含量13.7～14.3 mg/100 g，维生素C含量149.8～157.2 mg/100 g。在陕南地区，3月上旬萌芽，4月下旬开花，5月上旬幼果形成，坐果率91.7%，10月下旬成熟，果实生育期172 d，盛果期亩产量2 000 kg以上。

（三）砧木筛选

从表2-10和表2-11可以看出，葛猕猴砧木A和砧木B三年生不同根系的总鲜重、分枝、粗度、密度远高于美味猕猴桃砧木C和砧木D，且美味猕猴桃砧木死根率较高。从表2-12可以看出，葛猕猴砧木A对脐红、金艳、徐香和翠香4种猕猴桃嫁接成活率表现较好，对三年嫁接苗增粗率表现最好。

表2-10　三年生不同根系的生长情况

编号	总鲜重/kg	总长/cm	一级分枝/条	平均粗度/mm	最长分枝/cm	二级分枝/条	平均粗度/mm	三级分枝/条	须根数/条
砧木A	1.60	3 138.5	7	18.31	129.0	17	11.26	62	1 583
砧木B	1.65	2 269.8	6	18.66	110.0	18	11.07	41	1 554

（续表）

编号	总鲜重/kg	总长/cm	一级分枝/条	平均粗度/mm	最长分枝/cm	二级分枝/条	平均粗度/mm	三级分枝/条	须根数/条
砧木C	1.69	2 375.0	6	19.77	85.0	22	11.24	104	466
砧木D	0.78	823.0	4	19.50	70.0	18	9.25	60	230

表2-11　三年生不同根系的密度　　**单位：g/cm^2**

编号	一级	二级	三级
砧木A	0.48	0.51	0.50
砧木B	0.51	0.51	0.57
砧木C	0.45	0.37	0.39
砧木D	0.39	0.39	0.38

表2-12　不同砧木下猕猴桃嫁接成活率与三年嫁接苗增粗率　　**单位：%**

编号	嫁接成活率				嫁接苗增粗率			
	脐红	金艳	徐香	翠香	脐红	金艳	徐香	翠香
砧木A	90.21	90.96	92.51	95.93	213	229	197	204
砧木B	88.89	88.34	84.17	83.90	207	221	186	197
砧木C	93.47	92.12	95.24	92.14	188	195	175	186
砧木D	91.94	91.58	94.85	95.37	167	184	163	170

（四）栽培模式

浅沟不同深度的含水量由表及里先降低后升高，在地平面以下60 cm处水分含量最低。深沟地平面以下60 cm处水分含量低于地平面以下80 cm处，表明犁底层位于地平面以下60 cm左右。裸露的栽植垄和被甘薯覆盖的栽植垄不同深度的含水量由表及里逐渐增多，在地平面以下60 cm处没有出现水分降低的情况，表明栽植行打破犁底层之后，上下水分可以很好地疏通。裸露的栽植垄不同深度的含水量变化幅度较大，被甘薯覆盖的栽植垄不同深度的含水量变化幅度很小，表明被覆盖之后，水分的变化更加平衡。

第四节 汉江樱桃储藏保鲜技术

一、研究背景

汉江樱桃果皮薄、质地细软、风味浓郁、味甜爽口、核小，可食率75%以上，营养价值高，深受广大消费者欢迎。但汉江樱桃采后更易褐变腐烂，储藏保鲜难度更高。国外樱桃冷链物流技术已经成熟，采收后樱桃被立即预冷或在低温室内进行分拣、包装、预冷，预冷至5 ℃以下后直接在0 ℃环境下冷藏运输、并在5 ℃以下低温销售，保证樱桃从田间到餐桌全程处于冷链中。然而，国内果蔬的冷链物流发展相对落后，因缺乏产地预冷设施、冷藏运输工具等，无法保证果蔬全程冷链的完整性。目前，水果的冷链流通率仅为5%，腐损率高达20%～30%，对于樱桃这种易腐水果来说，如果没有严格的全程冷链管理，商品品质就无法保证。因此，研究汉江樱桃这类易腐水果的流通具有极其重要的意义。本研究以汉江樱桃为试验材料，运用低温、气调保鲜法，研究不同处理对其保鲜效果影响以及物流过程中品质损耗，旨在为樱桃的储藏保鲜与物流运输提供理论依据和技术参考。

二、研究方法

所试汉江樱桃于2018年5月采自十堰市张湾区柳家沟村樱桃岭（东经110°44′21″，北纬32°35′27″），按大小、色泽、成熟度对果实进行分级挑选，选择成熟度在八成熟的汉江樱桃，采摘后迅速放入预冷保鲜盒中，低温运输到十堰市农业科学院农产品加工所实验室，样品送达迅速剔除残次果。采取4种储藏保鲜处理。

臭氧处理：将新鲜、无腐烂的汉江樱桃装入臭氧浓度为3 mg/m^3的保鲜袋内，每袋50个果实，0 ℃冰箱内保存。

负离子处理：将筛选的汉江樱桃装入负离子浓度为6.0×10^6 $ions/cm^3$的保鲜袋内，每袋50个果实，0 ℃冰箱内保存。

气调处理：将筛选的汉江樱桃装入含有80% N_2+15% CO_2+5% O_2的保鲜袋内，每袋50个果实，0 ℃冰箱内保存。

对照：未经任何处理放置0 ℃冰箱。

果实中维生素C含量采用紫外可见分光光度计测定，可溶性固形物采用ATAGO爱宕PAL-1数显手持式折射仪测定，有机酸采用酸碱滴定法测定，失水率采用称重法测定，腐烂率（%）=（腐烂果实数/检查总果实数）×100。

三、结果与结论

维生素C可直接反映果实的新鲜程度，果实中的多酚氧化酶可促进维生素C分解，随着储藏时间的延长果实中维生素C会有不同程度的流失。如图2-3所示，新采摘的汉江樱桃维生素C含量在540 mg/kg左右，储藏至20 d，对照组维生素C含量在440 mg/kg左右，下降幅度较大；气调（80% N_2+15% CO_2+5% O_2）处理组对抑制维生素C降解效果显著，在储藏至16～20 d，臭氧和负离子处理组的维生素C含量下降不明显，维生素C维持在490 mg/kg左右，可能是由于臭氧和负离子钝化多酚氧化酶，从而抑制多酚氧化酶对维生素C的氧化作用。说明3个处理均可有效抑制汉江樱桃果实中维生素C含量的降解。

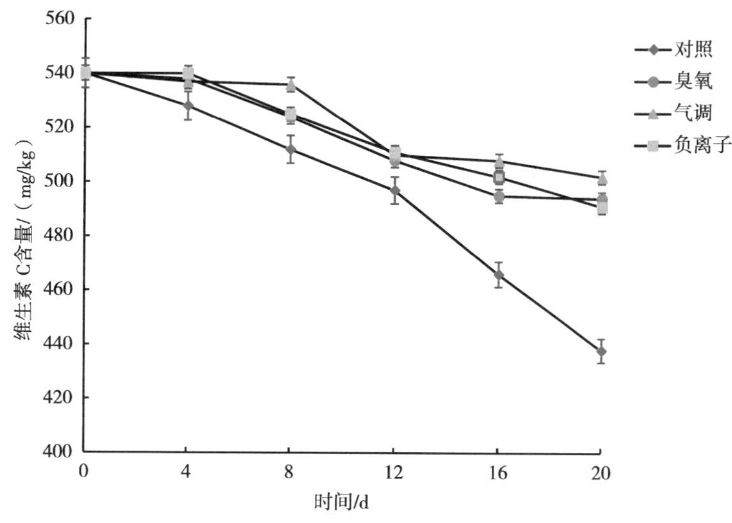

图2-3　汉江樱桃储藏期间维生素C含量的变化

Brix值即可溶性固形物含量，由于水果中单糖和双糖等可溶性糖含量较高，因而Brix值可以粗略估计水果中糖的含量。如图2-4所示，随着储藏期的延长，处理组和对照组汉江樱桃果实内Brix值均呈下降趋势，意味着储藏时间延长，果实含糖量逐渐降低。其中气调（80% N_2+15% CO_2+5% O_2）处理组，相较与其他处理组，Brix值下降最为缓慢，Brix值均高于其他处理组，并且与对照组Brix值差异显著。说明气调储藏可有效抑制汉江樱桃果实呼吸作用，从而减少果实中糖分的流失。

有机酸是果实呼吸作用的基质。储藏过程中，水果有机酸含量随呼吸作用的消耗而逐渐减少，经一定时间储藏后，酸味变淡，甚至消失，果实变甜。有机酸消耗的速率依储藏条件而异。要创造适宜的储藏条件，延缓酸分解速度，保持果品原有品质和风味。如图2-5所示，臭氧处理组对维持果实有机酸含量效果不明显，与对照组差异不显著，气调（80% N_2+15% CO_2+5% O_2）处理和负离子处理对维持果实有机酸含量有显著效果，特别是储藏至16～20 d，气调和负离子处理组果实有机酸能够维持相对稳定，与对照组相比较差异显著。说明气调（80% N_2+15% CO_2+5% O_2）和负离子处理可有效延缓汉江樱桃果实有机酸降解。

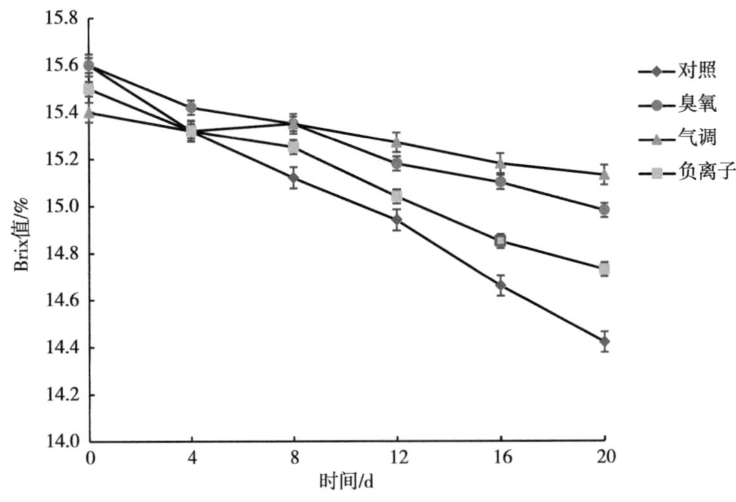

图2-4　汉江樱桃储藏期Brix值的变化

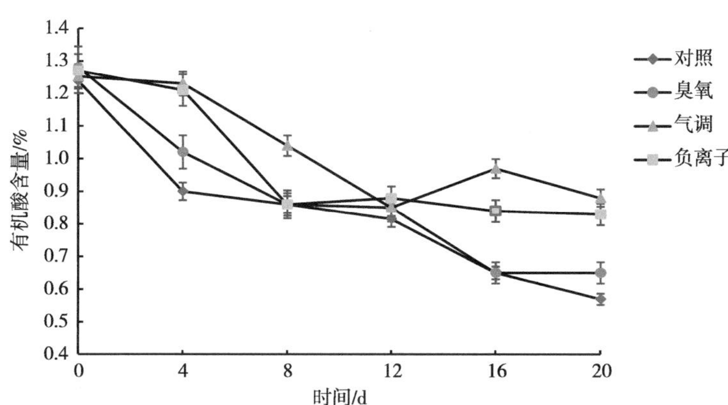

图2-5　汉江樱桃储藏期有机酸含量的变化

果实的水分含量是影响水果品质的重要因素之一，水分含量流失严重，会导致果实表皮起皱、萎蔫，进而影响果实的口感与外观。如图2-6所示，对照组在储藏期在前12 d水分含量流失不明显，12 d后水分加速流失，水果表面有轻微起皱现象；3个处理组失水率显著低于对照组，其中气调（80% N_2+15% CO_2+5% O_2）处理中果实水分流失最少，可能是由于气调处理有效抑制了果实的呼吸作用，从而减少水分的流失；臭氧及负离子处理可能是由于钝化参与果实细胞呼吸酶的活性，从而抑制果实呼吸强度，减少水分流失。总之3个处理均对汉江樱桃果实水分流失有较好的抑制作用。

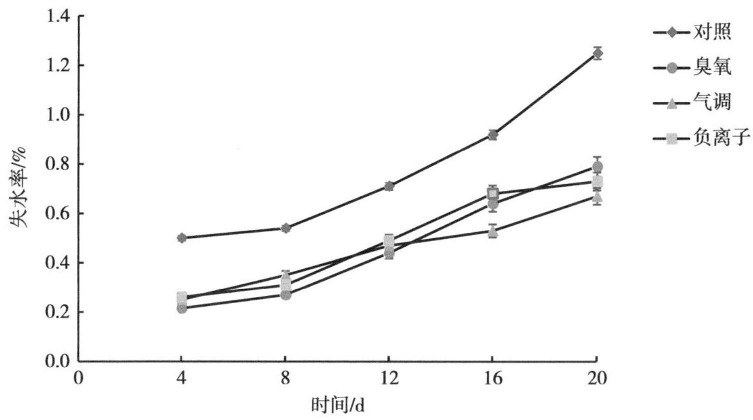

图2-6　汉江樱桃储藏期失水率的变化

水果的腐烂率是反映水果储藏效果的一个主要指标。如图2-7所示，3个处理方法对抑制汉江樱桃果实腐烂均有一定效果，尤其是在储藏前12 d，腐烂率控制在4%以内，保存至20 d，汉江樱桃的腐烂率仅为22%左右。0 ℃的对照组在储藏至20 d，腐烂率达40%。臭氧处理虽然对抑制腐烂效果显著，但是在储藏期间臭氧会导致果实表面色泽改变。气调（80% N_2+15% CO_2+5% O_2）处理和负离子处理，果实色泽依旧鲜亮。储藏期在16～20 d处理组腐烂率迅速上升，可能是由于袋内气体部分降解，导致微生物抑制作用有所降低。

由此可知，汉江樱桃采后储藏保鲜过程中，0 ℃冰温条件下是比较理想的储藏温度，因为在0 ℃条件下储藏至12 d，腐烂率在4%以内。常温储藏通常2～3 d会腐败变味。气调处理和负离子处理组既能有效延长储藏时间，也能维持果实在储藏期间的品质，即维生素C、可溶性固形物、有机酸含量流失不严重，储藏至20 d，失水率仅0.66%，腐烂率控制在22%。臭氧处理虽然能较好地延长果实储藏时间，减少果实腐烂，但是臭氧处理使果实表皮色泽暗淡，可能是由于臭氧的强氧化性，从而在一定程度上破坏果实花色苷所致，另外臭氧处理在抑制有机酸分解方面作用不明显。负离子处理和气调（80% N_2+15% CO_2+5% O_2）处理是汉江樱桃较为理想的储藏保鲜方法。

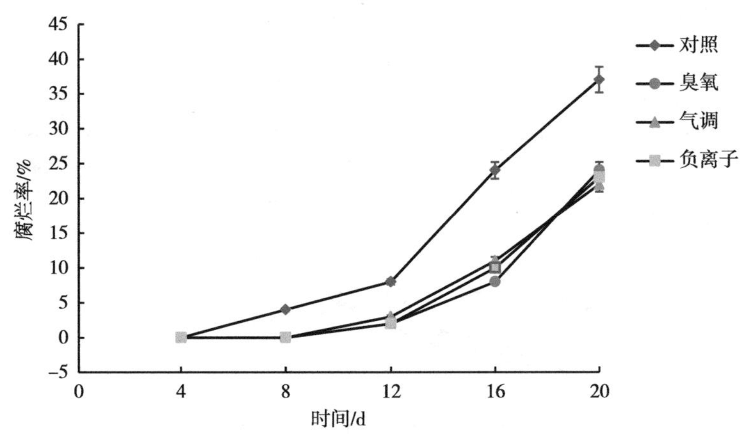

图2-7　汉江樱桃储藏期间腐烂率的变化

第五节　秦巴山区冬闲桑园套种马铃薯栽培技术

一、研究背景

我国北方虽然马铃薯种植面积大，但是9—12月收获售卖，春季是鲜薯需求旺季，鲜薯供应短缺，且春季鲜薯销售价格高。处于秦巴山区的安康市是马铃薯种植适宜区，冬播春收的单膜、双膜马铃薯主要为鲜食菜用，生长时间短，种植品种以早熟、中早熟（生育期65～80 d）品种为主。冬播春收的早熟马铃薯不仅经济效益好，而且为秋季作物栽培赢得了有利时间。提高马铃薯栽培效益主要应从2个方面入手：一是如何提高商品薯产量和品质；二是要把握好春季4月中旬到“五一”之前早上市及“春节”前后半个月正上市的鲜薯高价销售期。安康市是传统桑树种植区，桑园面积常年维持在40万亩左右，利用桑园冬闲期播种马铃薯是一举多得的高效益种植模式。然而，秦巴山区桑园套作马铃薯模式的田间配置优化缺乏研究，生产中存在种植方式不一致、田间配置不规范的问题，影响了桑树和马铃薯的经济效益。探究原因主要有：一是缺少适合水源涵养区地理气候条件的早熟马铃薯品种；二是缺乏既能满足冬播马铃薯抢上市的需求又不占用桑园产桑生产期的栽培技术；三是区域内农户多采用传统马铃薯种植模式，其脱毒种薯普及率低。本研究将筛选3～4个适宜丹江口水源涵养区桑园套种的早熟菜用兼加工型马铃薯品种，并在该区示范推广桑园套种冬播早熟马铃薯高产栽培技术。

二、研究方法

2019年，在安康市石泉县池河镇明星村（东经108°16′55″，北纬33°1′0″）桑园开展试验。马铃薯种植分覆膜与露地种植2种模式（图2-8）。供试品种有4个，分别是秦芋32号、费乌瑞它、0402-9、0302-4（表2-13）。桑树行距1.8 m，每亩施有机肥1 t。试验采用随机区组设计，每个品种种植3个小区，为3次重复，小区面积为9.7 m^2。马铃薯种植行距0.6 m、株距0.33 m。单垄双行种植，小区四周设保护行。收获时测定经济性状和产量。种薯播种前翻晒2 d，采取切块播种，于2月16日播种，每小区点施磷酸二铵、硫酸钾型复合肥0.3 kg，尿素0.2 kg，播种后用50%乙草胺乳油400倍液喷雾1次。生长期间无追肥与排灌水。马铃薯于6月14日收获。于马铃薯生长期间调查出苗率、主茎数和株高，收获期调查单株块茎数、单株块茎重、生育期、商品薯率和产量。

表2-13　各品种薯块性状调查

品种名称	薯形	皮色	肉色	薯皮类型	芽眼深浅	薯块大小整齐度
秦芋32号	圆	淡黄	黄	光滑	浅	较整齐
费乌瑞它	长椭圆形	淡黄	淡黄	光滑	浅	整齐
0402-9	椭圆形	乳白	白色	光滑	浅	整齐
0302-4	圆扁	乳白	白色	光滑	浅	整齐

图2-8　桑园马铃薯套种模式

三、结果与讨论

从表2-14、表2-15可以看出，覆膜后，出苗率提高、主茎数减少、株高增加、单株块茎数增加、单株块茎重增加，生育期缩短，商品薯率增加。0402-9和0302-4的出苗率达到了99%，其他品种也都达到了95%以上。费乌瑞它生育期缩短至55 d，0302-4生育期缩短至57 d。

表2-14　马铃薯露地栽培生长及经济性状

品种	出苗率/%	主茎数/个	株高/cm	单株块茎数/个	单株块茎重/kg	生育期/d	商品薯率/%
秦芋32号	93	1.93	53.8	3.6	0.27	80	92.59
费乌瑞它	94	1.17	65.10	5.1	0.448	65	98.21
0402-9	96	1.10	75.83	4.2	0.646	80	88.24
0302-4	95	2.3	51.30	5.6	0.437	75	97.03

表2-15　马铃薯覆膜栽培生长及经济性状

品种	出苗率/%	主茎数/个	株高/cm	单株块茎数/个	单株块茎重/kg	生育期/d	商品薯率/%
秦芋32号	96	1.27	60.07	5.5	0.362	60	96.69
费乌瑞它	97	1.07	69.30	5.5	0.498	55	98.39
0402-9	99	1.03	76.13	4.6	0.798	62	88.97
0302-4	99	2.0	57.60	6.2	0.512	57	97.66

从表2-16可以看出，覆膜后各品种产量都有较大程度增产。无论是露地栽培还是覆膜栽培，0402-9的产量均为最高，分别为1 068.32 kg/亩和1 357.26 kg/亩，但是商品薯率最低。结合商品性，0302-4表现最优。

表2-16　不同栽培模式下的马铃薯产量

品种	露地栽培/（kg/亩）	覆膜栽培/（kg/亩）	增产/%
秦芋32号	600.21 ± 129.4	803.99 ± 69.1	33.95
费乌瑞它	994.42 ± 118.5	1 107.79 ± 317.3	11.40
0402-9	1 068.32 ± 187.0	1 357.26 ± 282.5	27.05
0302-4	1 065.23 ± 106.6	1 242.74 ± 304.8	16.66

第六节　生物多样性桑园技术

一、研究背景

桑树种植在丹江口水源涵养区的环境绿化美化、水土保持、农业面源污染治理方面发挥了积极的作用。但是，随着近年来农业产业结构调整及蚕桑产业的发展，桑园利用率不高，效益低下、高产桑园少等问题日益突出。作物间套种通过提高作物群体多样性，充分利用环境资源（光照、水分和养分），增加作物的抗逆能力，具有维持作物群体产量高产和稳定性的作用，是一种提高作物群体产量的栽培技术。目前，桑园套种中药材、蔬菜、食用菌、牧草等的研究已有报道，桑园套种模式已成为提高桑园综合经济效益的主要途径。但是，合理的间套种模式可以提高桑园的综合经济效益，而不合理的套种模式对桑树生长及桑树的产叶量有较大负面影响。为了延伸蚕桑产业价值链，提高蚕桑业抵御市场风险的能力，丹江口水源涵养区的蚕农已经开始逐步尝试桑园间作套种农作物的模式。为进一步丰富桑园间套作模式，优化桑园间套作的栽培技术，本研究通过种植户调查和科学试验相结合的方式，在幼龄桑园研究不同间套作模式下桑树的生长情况、产叶量及综合经济效益，以期探索出适合丹江口水源涵养区的桑园间套种模式，支撑蚕桑业可持续发展，带动当地农户脱贫致富。

二、研究方法

试验桑园地处安康市石泉县池河镇明星村（东经108°16′55″，北纬33°1′0″），所试大豆品种为南农206、绿豆品种为秦绿6号、马铃薯品种为0404-9、甘薯秦薯3号、花生品种为8130、芝麻品种为本地品种。2018—2019年采用6种套作种植模式，分别是桑树—大豆、桑树—绿豆、桑树—马铃薯、桑树—甘薯、桑树—花生、桑树—芝麻，以桑树单作作为对照（图2-9）。试验小区随机区组排列，每个小区面积7.2 m×35 m，农作物间作配置模式均为2∶2（即每2行桑树套种2行农作物），农作物种植株距分别为甘薯30 cm，马铃薯20 cm，其他作物均为15 cm，桑树单作行距为1.8 m，株距为50 cm。试验区按照常规农事操作进行田间管理、施肥及收获。

桑树—大豆　桑树—绿豆　桑树—马铃薯

桑树—甘薯　桑树—花生　桑树—芝麻

图2-9　桑园多样性种植模式

采用样株法，在秋蚕结束、桑树落叶后，调查不同间作模式试验区域内桑树的枝条数、枝条长和产叶量。采用样方法，调查样方内套种作物的经济产量，取平均值并折算成单位面积产量。在一个套种栽培周期内，详细记录各种作物投入的种子（或种茎）、肥料、农药等直接费用（人工费用不算在内）。桑园投入处理为同一水平时不进行计算。各种套种作物产值按当地当季价格折算成单位面积产值计算。根据产叶量按照每盒蚕种（12 g卵量）平均需要桑叶500 kg可生产蚕茧50 kg计算，蚕茧价格以当地市场价计算，折算出蚕茧的产值。

三、结果与讨论

从表2-17可知，幼龄桑园各种模式中，桑树—甘薯的平均枝条数显著高于对照；从平均枝条长来看，则正好相反，说明相较于未套种桑树而言，桑树—甘薯套种模式有利于套种桑园发枝，但不利于枝条的伸长；从产叶量来看，几种套种模式均与对照差异不显著。由此可见，桑园内套种对桑树的生长有一定的影响，桑园的主要功能是生产桑叶，因此在桑园套种一定要选择合适的套种作物，不能对桑树生长有太大的影响，而从本试验结果来看，桑树—花生套种模式产叶量最高，桑树—甘薯模式次之。

表2-17　多样性作物间作模式对桑树农艺性状及产叶量的影响

模式	平均枝条数/（条/株）	平均总枝条数/（万条/hm^2）	平均枝条长/（cm/条）	平均总枝条长/（万m/hm^2）	产叶量/（kg/hm^2）
桑树—芝麻	4.78 bc	5.37 b	145.29 a	7.80 a	13 559.27 ab
桑树—甘薯	6.89 a	7.74 a	122.61 b	9.49 a	15 666.96 ab
桑树—绿豆	5.22 bc	5.87 b	126.57 b	7.43 a	12 154.71 b
桑树—大豆	4.57 c	5.13 b	155.13 a	7.96 a	13 137.49 ab
桑树—马铃薯	5.78 abc	6.50 ab	131.57 b	8.55 a	14 045.13 ab
桑树—花生	6.23 ab	7.00 ab	127.78 b	8.95 a	16 130.68 a
对照	4.96 bc	5.58 b	144.78 a	8.08 a	13 878.43 ab

注：同列不同字母a、b、c、d表示在0.05水平下差异显著（$P<0.05$）。

为了分析多样性间作模式幼龄桑园的产叶量构成因子之间的相关关系，对多样性间作模式下间套种桑园内桑树的平均总枝条数、平均枝条长与平均总枝条长进行了相关性统计分析。通过表2-18及图2-10分析结果可知，单位面积间套作桑园内桑树的平均总枝条长与平均总枝条数呈正相关，相关系数为0.856，$P<0.01$，说明单位面积间套作桑园内桑树的平均总枝条数对平均总枝条长有极显著影响，通过间套作桑树平均总枝条数（x）与平均总枝条长（y）的拟合多项式方程$y=0.247x^2-2.506x+14.16$（$x>0$）可知，要想保证多样性间作桑园产量的关键是间套作桑园需要保留桑树平均总枝条数>4.57万条/hm^2；而间套作桑树的平均总枝条长和平均总枝条数的相关系数为−0.620，呈负相关，$P<0.01$，说明间套作桑树的平均枝条长对平均总枝条数有极显著的影响，在增加平均总枝条数的同

时，由于多样性间套作农作物对间套作桑园的桑树在光照、温度、水分、肥料、土壤等方面的资源有竞争关系，导致了桑树平均枝条长的下降。

表2-18　桑园套种不同农作物对桑树生长的影响

项目	平均总枝条数	平均枝条长	平均总枝条长
平均总枝条数	1		
平均枝条长	−0.620**	1	
平均总枝条长	0.856**	−0.135	1

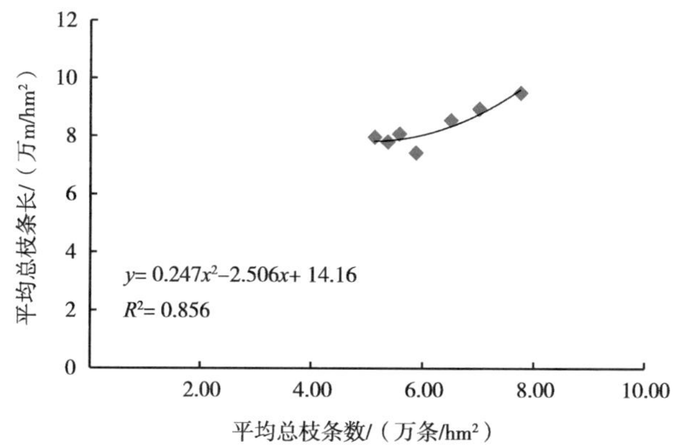

图2-10　多样性作物间作桑园桑树平均总枝条数与平均总枝条长回归分析

由表2-19分析结果可知，在桑园进行多样性作物间作均可以提高桑园的土地生产率，增加综合经济效益，桑树—花生间套作模式的综合经济效益最好，明显高于其他间套种模式，其次为桑树—马铃薯，桑树—甘薯。桑树—花生套种模式下，花生产量为3 225 kg/hm^2，单位面积间套种农作物净产值为17 100元/hm^2，蚕茧产值为35 487.5元/hm^2，土地生产率可达52 587.5元/hm^2，比不套种的桑树增加72.23%，桑树—芝麻间套种模式综合产值和土地生产率最低；从有效能量产投比来看，桑树—花生模式最佳，有效能量产投比高达7.6∶1.0，其次为桑树—绿豆和桑树—大豆，桑树—马铃薯的有效能量产投比最低，综合考虑综合经济效益及产投比，桑树—花生间套作模式最佳，其次为桑树—甘薯模式。由此可见，合理地在幼龄桑园进行多样性作物间作不仅不会对桑树产生不利的影响，而且可以大幅度增加桑园的综合经济效益，同时也可以看到套种农作物的单价是影响间套种桑园综合经济价值的重要因素。

表2-19　多样性作物间作桑园套种不同农作物经济效益分析

模式	产量/（kg/hm²）	单价/（元/kg）	产值/（元/hm²）	投入/（元/hm²）	净产值/（元/hm²）	蚕茧产值/（元/hm²）	土地生产率/（元/hm²）	有效能量产投比
桑树—芝麻	300	15	4 500	1 125	3 375	29 830.4	33 205.4	3.0：1.0
桑树—甘薯	13 680	1.2	16 416	3 250	13 166	34 467.3	47 633.3	4.1：1.0
桑树—绿豆	1 050	9	9 450	1 650	7 800	26 740.4	34 540.4	4.7：1.0
桑树—大豆	1 275	6	7 650	1 425	6 225	28 902.5	35 127.5	4.4：1.0
桑树—马铃薯	16 500	2	33 000	15 800	17 200	30 899.3	48 099.3	1.1：1.0
桑树—花生	3 225	6	19 350	2 250	17 100	35 487.5	52 587.5	7.6：1.0
对照	—	—	—	—	—	30 532.6	30 532.6	—

从平均枝条数和平均总枝条长及产叶量来看，在幼龄桑园进行多样性作物间作对桑树的生长有一定的影响，多样性间作桑园单位面积上平均总枝条数对平均总枝条长有极显著影响，单位面积间套种桑园平均总枝条长与平均总枝条数呈正相关，通过对6种桑园间作模式的平均枝条数、平均枝条长及产叶量的综合比较分析来看，桑树—花生模式最佳，桑树—甘薯次之，桑树—绿豆最差。从综合经济效益分析来看，桑树—花生间套作模式的综合经济效益最高，其次为桑树—马铃薯、桑树—甘薯。综合考虑认为，在幼龄桑园的多样性作物间作模式中，桑树—花生套种模式的综合经济效益最好，其次为桑树—甘薯模式，经过试验发现由于套种花生和甘薯模式种植和收获的时间并不会和蚕农们养蚕的季节冲突，因此，蚕户对套种花生和甘薯的积极性也很高，可以在丹江口水源涵养区进行大面积示范推广。桑园的多样性间套种模式要坚持以桑树为主的原则，选择合理的套种农作物，不能对桑树争光照、水分、土壤等资源，影响桑叶生长，对于套种作物，要尽量选择低矮型的农作物，并且其生长特性和生态要求与桑树的生长情况协调一致，达到互相促进的作用。

第七节　桑园废弃桑枝栽培黑木耳技术

一、研究背景

自古以来秦巴山区都是我国黑木耳的主产区，得天独厚的自然气候和丰富的原料资源为培育优质黑木耳提供了优越条件。但是，作为国家南水北调中线工程核心水源地涵养区和国家重点生态功能区，安康市全域全面禁伐森林，食用菌产业传统林木类原材料受到了极大的限制，以传统林木类为主的栽培原料严重短缺，新型代木材料的开发和利用势在必行。安康市桑园常年维持在40万亩左右，每年整形修剪会产生大量废弃树枝，随意堆放在田间地头，不仅占用有限的土地资源，腐烂后也容易滋生病菌，招引蛇鼠蚊虫，成为种植户头疼的问题。桑枝栽培黑木耳最早开始于1987年，采用桑枝栽培黑木耳，菌丝定殖萌发快，菌耳提早发生，桑枝不同的添加量均能出菇。但由于存在桑枝的品种、桑枝木屑颗粒规格、栽培的黑木耳品种存在不同，在桑枝添加不同比例对黑木耳菌丝生长、鲜菇产量、生物学效率的影响方面得到的结果存在明显差异。国内学者对不同桑枝粉碎规格栽培黑木耳进行了相关研究，但关于如何提高桑枝木屑粉碎效率未见相关报道。本研究将这些桑园废弃桑枝作为黑木耳新型代用原料来利用，对化解林、菌矛盾，显著降低生产成本，拓宽农林有机废弃高效资源化利用途径，提升产业附加值和经济效益，打造区域生态循环发展模式具有重要作用。

二、研究方法

（一）品种筛选

引进10个黑木耳品种，其中新科1号、新科4号、新科10号由江苏天达食用菌研究所提供；黑厚、黑碗、黑三由黑龙江雪梅食用菌研究所提供；丰产7号、黑威、黑半、黑金由安康市农业科学研究院食用菌研究所提供。将10个黑木耳品种菌丝分别在PDA平板上25 ℃条件下复壮培养，待菌丝长至距培养皿边缘1 cm

时用打孔器在菌落外缘取直径5 mm的菌丝块接种于新的PDA平板上。分别于接种后第3 d和第7 d根据菌丝长势进行2次划线记录，通过测量2次划线的距离来确定菌丝的生长速率。共10个品种，每个品种5次重复，每次重复测量2个数据，同时观察记录菌丝性状。

（二）袋料栽培筛选

袋料栽培基质配方：桑枝78%、麸皮20%、石灰1%、石膏1%，含水量60%左右，灭菌前pH值在7.5～8.5，灭菌后pH值降至6.5～7.0。菌袋为17 cm×33 cm×0.004 cm聚乙烯折角袋。首先制作各品种菌种，将复壮菌丝块分别接种于制备好的袋料基质中，于25 ℃条件下恒温培养，分别于接种后第10 d和第20 d进行2次划线，计算菌丝在袋料中的生长速率，同时观察记录各品种菌丝萌动期和满袋时间。共6个品种，每个品种5袋。制作好的菌种用于制备菌棒，接种完成后将菌棒以“井”字形堆放在培养室中避光培养，发菌前1周是萌发定殖期，室温控制在25 ℃左右，之后控制在23 ℃左右，使菌丝健壮生长，约35 d菌丝处于后熟期，将温度控制在20 ℃左右，室内空气相对湿度控制在50%左右，每天定时通风，半个月翻堆1次，调整堆内小气候。菌棒成熟后刺孔育耳，使用菌袋开口机开“1”字口，开口直径0.3～0.4 cm，开口数量200个左右，保温保湿防治几天待刺孔口菌丝恢复即可排场出耳，注意出耳期的水温管理。共6个品种，每个品种100袋，观察统计各个品种的黑木耳产量及农艺性状。

以筛选菌株为栽培对象，通过桑枝与木屑不同配比栽培黑木耳配方优化试验，以生物学效率和产投比为指标，初步筛选出桑枝与木屑的较优配比和基质配方。

三、结果与讨论

如表2-20所示，新科1号、黑威、黑厚、黑金、黑三、丰产7号菌丝生长速率较快，与其余几个品种比较达差异显著水平。但是黑威的菌丝从外观来看颜色偏淡，纤细且稀疏，菌丝力偏弱，不进入后续试验。新科10号和黑碗从菌丝生长速率情况来看处于同一水平，但黑碗的菌丝洁白且粗壮浓密，与前面5个品种共同进入袋料栽培试验阶段。

表2-20　不同品种黑木耳菌丝长势结果

品种	菌丝生长速率/（cm/d）	菌丝颜色	菌丝粗壮程度	菌丝浓密程度
黑半	2.54 d	较白	纤细	稀疏
黑威	3.45 a	较白	纤细	稀疏
新科10号	2.94 c	较白	较粗壮	较浓密
新科4号	2.08 e	较白	纤细	稀疏
新科1号	3.56 a	洁白	粗壮	浓密
黑碗	2.94 c	洁白	粗壮	浓密
黑三	3.19 b	洁白	较粗壮	较浓密
黑厚	3.38 ab	洁白	粗壮	浓密
黑金	3.26 b	洁白	粗壮	浓密
丰产7号	3.12 b	洁白	粗壮	浓密

从表2-21来看，各个品种菌丝在培养料中的生长速率结果与平板试验结果一致，满袋时间有差异主要是因为不同品种菌丝萌动时间差异。丰产7号、黑金、黑碗的出耳优异（图2-11）。

表2-21　各品种袋料栽培菌丝生长情况　　单位：d

发育状态	黑碗	黑三	丰产7	黑金	黑厚	新科1号
萌动	4	6	5	4	4	3
满袋	39	44	46	38	36	36

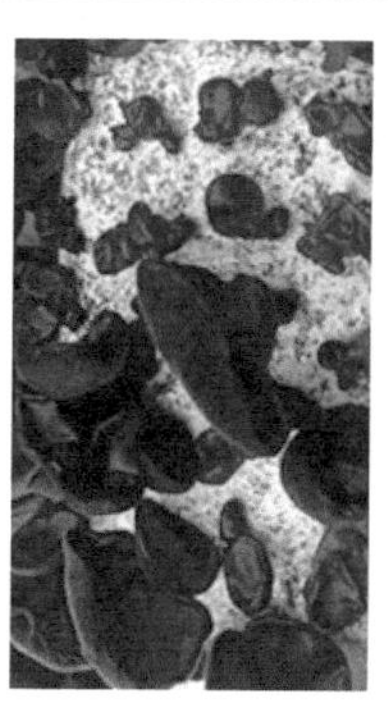
丰产7号

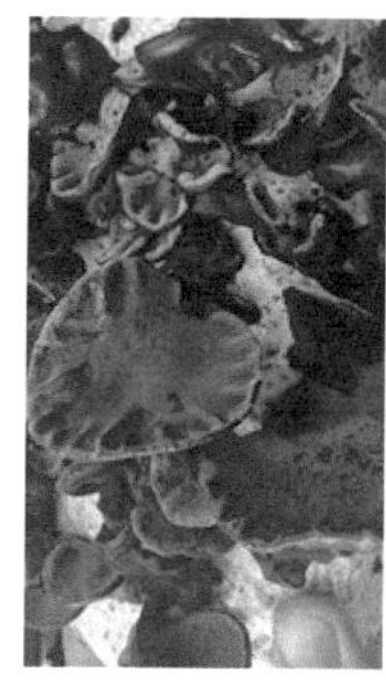
黑碗

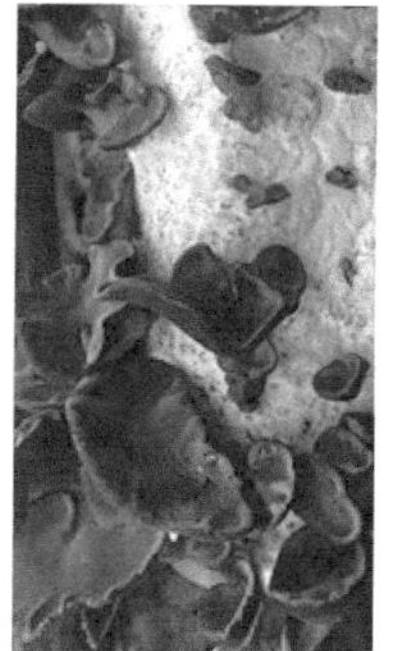
黑金

图2-11　出耳情况

当主料为纯桑枝时，菌丝发菌速率最快，当桑枝木屑与杂木屑等量配比时，2个黑木耳筛选品种产量最高（图2-12）。综合发菌速率和生物学效率优化后的基质配方为桑枝木屑40%、木屑40%、麸皮15%、豆粕3%、石灰1%、石膏1%。

图2-12 不同基质配方下发菌（上图）与出耳（下图）情况

在石泉县池河镇明星村基地（东经108°16′55″，北纬33°1′0″）建立桑枝黑木耳规范化制包基地，并进行了小规模生产性栽培示范（图2-13），袋均木耳（干品）产量为52.5 g。

图2-13 桑园套种黑木耳

第八节　桑副产品的综合利用与加工技术

一、研究背景

栽桑养蚕单位土地面积收益和单工劳动报酬已从优势向劣势转变，推进蚕桑产业的资源综合利用并延伸开发到非绢丝产业。以桑树资源的高效利用和循环利用为特点的循环经济意识，将桑副产品的应用开发逐步渗透到各个行业、领域，对提高蚕桑资源利用率、增加栽桑土地产出率、增加养蚕农户收益率以致增加整个蚕桑丝绸行业的附加价值，均具有十分重要的作用。栽桑用于养蚕虽然现在还是桑树的主要用途，但已不是唯一用途，桑树的多元化开发利用，将会成为今后桑树利用的方向。桑叶是一种很好的新型天然功能健康原料，日常食用桑叶系列健康产品，将成为当今世界饮食结构的新时尚。桑葚营养成分丰富，既有食用保健价值，又有药用开发价值将桑葚充分利用，将其开发为易储藏、食用方便的保健食品。本研究以天然、绿色、高效为宗旨，运用简单实用的加工技术，利用饲料桑、果桑的叶与果，开发出一系列具有地方特色的纯天然食品。

二、研究进展

（一）桑葚蒟蒻饮料

原料：新鲜桑葚、魔芋低聚糖溶液、柠檬酸、木糖醇。

加工工艺流程：桑葚挑选→清洗→捣碎→护色→灭酶→过滤→混合调配（添加魔芋低聚糖溶液）→均质→灌装→灭菌→冷却→成品。

操作要点：剔除桑葚中的杂质，挑选出颗粒完整、形态良好、风味正、香味浓、无虫蛀、无霉变的桑葚清洗干净。将挑选出的桑葚用捣碎机粉碎。按照料液比1：1将碎桑葚浸泡在纯净水中，加入0.02%的淀粉酶，并加入0.02%的维生素C进行护色，充分搅拌后在水浴锅中以40 ℃的温度萃取3 h后立即加热灭酶，以钝化酶的活性，保证产品的稳定性。灭酶后用400目滤布进行过滤，得到桑葚原汁。为使果汁不仅符合产品规格要求，而且得以改善风味，提高保健功能，将桑葚汁、魔芋低聚糖溶液进行调配，并适当调节甜酸比例（图2-14）。将调配好的饮料混合均匀后导入均质机中均质，使汁液中的微粒进一步均匀细化。均质后选用0.25 μm微孔滤膜对桑葚蒟蒻饮料进行精滤，去除沉淀残渣，以达到饮料的澄清效果。最后将桑葚蒟蒻饮料灌装、密封及灭菌，冷却后储藏。

配方：桑葚汁与魔芋低聚糖溶液比例为1∶3，木糖醇6%，柠檬酸0.2%。

图2-14 试验中不同比例的桑葚蒟蒻饮料

（二）桑叶挂面

原料：桑叶粉、面粉、魔芋粉、食盐、食用碱。

加工工艺流程：面粉、桑叶粉、添加剂、水→和面→熟化→轧片→切条→烘干→切断→计量→包装→成品。

操作要点：将面粉、桑叶粉放入和面机，加入水搅拌使其充分混合均匀，再按比例加入充分溶胀的魔芋精粉、食盐水和纯碱，使最后面团的吸水量达到30%，和面时间应掌握在10～15 min。面团和好后，为消除其内应力，应进行熟化。熟化时间控制在10～20 min。理想的熟化温度为25 ℃左右，宜低不宜高。熟化可采用静置熟化，也可采用低速、低温搅拌方式。静置熟化必须注意保持水分，因为长时间静置会有大量水分蒸发，造成面团工艺性能下降。低速搅拌方式熟化，能防止面团结块，并以满足喂料为原则，搅拌速度越低越好。将熟化后散料放入压面机内反复揉压，将松散的面团轧成细密的面团，达到所需厚度的簿面片。之后进行切条、干燥、计量包装（图2-15）。

辅料添加配比：在面粉中添加超细桑叶粉、食盐、魔芋精粉、纯碱，辅料添加量最优配比：桑叶粉用量为1.0%，食盐为1.0%，魔芋精粉为0.6%，纯碱为0.1%。

图2-15　桑叶挂面

（三）桑葚干

原料：桑葚、蔗糖、食用盐、氯化钙、维生素C、羧甲基纤维素钠（CMC）、柠檬酸、山梨酸钾。

加工工艺流程：桑葚→清洗→护色硬化→漂洗→漂烫→糖制→烘干→成品。

操作要点：剔除桑葚中的杂质，挑选出颗粒完整、形态良好、风味正、香味浓、无虫蛀、无霉变的成熟度中等的桑葚清洗干净，沥干水分后依次放入含有护色剂及硬化剂的溶液中进行护色、硬化。果脯生产过程多采用煮制法，在糖液的配制中，需添加CMC、柠檬酸及氯化钠。CMC是一种亲水胶体，可随糖液共同渗入到果肉组织中，防止桑葚果脯产品的干瘪现象。柠檬酸在果脯的生产中是一种保质添加剂，它可以调节糖液的pH值，控制果脯中转化糖的含量，防止果脯出现返砂现象；柠檬酸的添加还可降低产品的pH值和水分活度，防止微生物的生长。最后在50～55 ℃的条件下热风干燥至水分含量为15%左右（图2-16）。

配方：2%氯化钠+1%抗坏血酸混合溶液对桑葚护色5 h，2%氯化钙作为硬化剂，硬化时间4 h，糖液浓度70%、柠檬酸浓度为0.7%、CMC浓度为0.5%，此条件下所制的桑葚果脯，个体饱满，酸甜可口，口感细腻，并具有桑葚原果的香味，为多数人所喜爱。

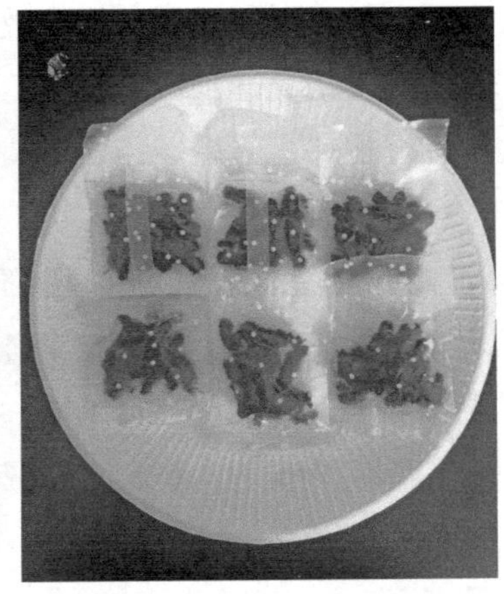

图2-16　桑葚干

（四）桑葚酒

原料：桑葚、蔗糖、酿酒酵母、果胶酶。

加工工艺流程：桑葚→洗净沥干→破碎打浆→入罐→调整成分→接种酵母→前发酵（酒渣可用于酿醋）→分离、压榨→后发酵→陈酿→澄清、过滤→灭菌→成品。

操作要点：将破碎后的桑葚装入玻璃缸内，以盛满八成为宜，盖好盖子。做好保温、通气及防菌工作，此过程一般需要5～7 d。前发酵完成后，用纱布过滤，然后用压榨法从果渣中取出酒醪，酒渣可用来酿制桑葚醋。果酒经过滤而接触空气驱散二氧化碳并增加氧气的含量，促使酵母菌重新活跃起来，将剩余的糖转化为酒精。此过程称为后发酵。后发酵时间较长，在20 ℃的环境下一般需要25～35 d（图2-17）。将酒醪经2次发酵后过滤出的液体进行陈酿，陈酿是进行一系列缓慢

图2-17　桑葚酒

氧化、分解、合成的过程，可以减少杂醇油、挥发性酸及甲醛等物质的含量，增加脂类及其他芳香物质的形成，从而提升酒品的香味；同时，由于长期放置使色素及丹宁鞣质部分被氧化，使酒具有较高的透明度。陈酿一般保存在10～12 ℃环境下，需30～60 d或更长时间，陈酿后即可灌装。

配方：分别在发酵前和发酵3 d后分2批添加蔗糖至25°Bx，前发酵温度25 ℃、果胶酶用量80 mg/L、酵母接种量7%。

（五）果醋

原料：桑葚酒渣、蔗糖、纯净水、醋酸菌、木糖醇、柠檬酸、食用盐。

加工工艺流程：桑葚酒渣→加糖、水→酒精发酵→醋酸发酵→过滤→澄清→调配→灭菌→成品果醋饮料。

操作要点：在桑葚酒渣中加入适量的纯净水及蔗糖，置于容器中，装入量为总容器的60%，接入10%已活化好的醋酸菌种液，35 ℃保温通气搅拌发酵，每6 h测定1次醋酸及残酒含量，至残酒下降至0.5%时，取出醋液的1/3，另2/3留在发酵罐，添加新料后继续发酵。醋酸发酵结束后，陈酿一定时间，用孔径0.01 μm中空纤维过滤后，即得桑葚果醋原醋。经调配，灭菌后既得桑葚果醋饮料（图2-18）。

图2-18　桑葚果醋

配方：酒渣与纯净水的比例为1∶4；调整糖度至15°Bx，醋酸菌接种量为6%；调配时果醋原醋添加量为30%，糖酸比为9∶1。该条件下生产的桑葚果醋饮料呈鲜紫红色，风味宜人，口感协调。

第九节　白及绿色高效生产技术

一、研究背景

白及（*Bletilla striata*）又名连及草、甘根、白给、箬兰、紫兰、紫蕙、百笠，属多年生草本球根植物（块根），主要分布在中国大陆、中国台湾地区、日本以及缅甸北部。花美适合观赏之用，其球茎晒干后的名称为白及，属于中草药。白及药用价值在于块茎，为止血良药，性味苦、甘涩、微寒，入肝、胃、肺经，功能收敛止血、消肿生肌。此外，白及也是化妆品工业的重要原材料。由于长期人为掠夺式的采挖和缺乏保护，白及资源日趋减少，白及的药用原料出现严重短缺，现已列为我国30种稀缺濒危天然药物之一。白及虽然能产生大量种子（每个果荚10～30粒），但是白及种子没有胚乳，在自然条件下不能正常萌发，仅靠一分为二式分株繁殖难以满足规模化生产的需求。本研究通过人工配比育苗基质组分与营养粉配方试验，建立一套完整的育苗、炼苗、栽培系统化生产白及的绿色高效栽培技术，对发展水源涵养区农业、提高农民收入以及保护生态环境具有重要意义。

二、研究方法

以白及种子为原料，通过不同基质配比、苗床介质选择、炼苗环境控制及幼苗后期管理等试验，建立一套完整的育苗、炼苗、栽培系统化生产白及的绿色高效栽培技术，实现白及规模化生产。

白及种子直播试验设置3个处理：对照为种子+锯末粉，处理1为种子+锯末粉+萘乙酸，处理2为种子+锯末粉+萘乙酸+MS培养基粉剂。白及苗床介质选择设置4个处理：对照为原土，处理1为原土+菌渣，处理2为原土+草木灰，处理3为原土+菌渣+草木灰。白及炼苗技术试验设3个处理：对照为露天管理，处理1为遮阴管理，处理2为分段光温控制。

三、结果与讨论

白及种子直播试验表明，通过添加一定比例的萘乙酸和MS培养基粉剂，可以显著提高白及种子的发芽率。萘乙酸为生长调节剂，可刺激白及种子萌发信号。MS培养基粉剂为种子萌发提供营养，使得白及在无胚乳状态下实现萌发生长。白及苗床介质选择试验表明，在土壤中添加草木灰和菌渣后，能显著提高萌发苗成活率。草木灰具有土壤杀菌作用，同时为幼苗提供钾肥和碳化物，有利于幼苗生长。菌渣能增强土壤透气性，丰富土壤微生物菌群，为白及根系发育提供有利条件。白及炼苗试验表明，通过分段光温控制，白及苗移栽后成活率高达90%以上。与露天管理相比，分段光温控制白及苗更加壮实，叶片舒展；与遮阴管理相比，分段光温控制白及苗叶片颜色深绿，根系活力更强。

因此，白及的绿色高效栽培技术包括选地、播种、炼苗、大田种植。

选地：选择海拔300～1 200 m，土壤富含腐殖质、温暖潮湿、疏松肥沃、排水良好的沙壤土地块，深耕或深挖15 cm以上，将土壤整细，选1.5 m宽幅的可降解地膜覆盖在厢上，四周用土压实。在厢面上打1层封闭除草剂，厢面上铺1层无纺布，隔草。上层用草木灰、锯末粉、菌渣按体积比5：2：3混合，铺在上层大约15 cm高，调酸处理pH值至6.0左右，保持湿润。

播种：种子与锯末粉混合按1：5体积混合，添加萘乙酸、MS粉混匀处理，种后盖1～2 cm厚的细土。

炼苗：秋季10月份对直播苗进行光温控制，保证苗棚在温度在25 ℃、光照强度在200～2 000 lx。厢面整平后上铺1层无纺布，上面铺8 cm的基质，撒上小颗粒苗，按每平方米600粒左右的密度。最后盖上1～2 cm的基质土，浇水。出苗后1周及时施肥，按每亩撒施5 kg复合肥（N：P_2O_5：K_2O=15：15：15），施后洒水，保持苗棚土壤湿度75%左右。

大田种植：选择疏松肥沃的沙壤土和腐殖质土壤，把土翻耕20 cm以上，施厩肥和堆肥。施农家肥1 000 kg/亩或撒施复合肥750 kg。再翻地使土和肥料拌均匀，栽植前，浅耕1次，把土整细、耙平，做宽130～150 cm的高垄种植。

第十节　苍术覆膜栽培技术

一、研究背景

苍术，为宿根、多年生、菊科草本植物，在我国已有2 000多年的药用历史。苍术药用价值很高，不但广泛应用于中成药，还大量用于植物提取物、牲畜饲料添加剂、兽药等领域。目前，国内外市场上的苍术来源仍然依靠野生苍术。随着人类无节制采挖以及环境条件恶化，野生苍术已经在不断减少，加上国家加大对野生药材的保护，野生苍术资源已经不能满足国内外市场的需求。因此，人工栽培成为扩大苍术资源的重要途径，近些年来，苍术也开始被人们认识、接受，并开始尝试人工栽培。然而，劳动力不足、病虫害严重以及水养分利用率等问题，也是苍术生产中的难题。虽然地膜覆盖技术可大幅度提高水分和养分利用率，并改善田间生态环境，减少病虫害的发生和扩散，已在多种作物上得到了大面积的推广和应用，但应用于中药材生产几乎空白。本研究将地膜应用到苍术栽培中，将简化田间管理，完善栽培技术，做到省工、省时、效益最大化，同时提高苍术的品质和产量，为进一步在水源涵养区扩大人工种植提供可靠的技术支撑。

二、研究方法

2018—2019年，以十堰地区的野生茅苍术为供试材料，在郧西县香口乡上香口村示范基地（东经110°15′54″，北纬33°6′42″）进行试验。共设露地和覆膜2个处理，每个处理3次重复，每个小区2亩。在栽种1年的苍术田块直接利用农用黑膜进行覆膜处理，苍术厢面宽70 cm，每厢种2行，株距15～20 cm。在4—10月，每个月测定1次，时间选在上午10：00，在垄上定点进行。用地温计分别在0 cm、5 cm、10 cm、15 cm土层测定土壤温度。在垄上每个土层深度取约20 g湿土样，土层深度设0～10 cm、10～20 cm，取出样土利用天平称湿土重量，后利用恒温箱烘干称样土干重，测定土壤含水量。于收获期测定苍术产量。

三、结果与讨论

从表2-22可以看出，覆膜能够有效缩短出苗时间，出苗早而且整齐。试验2018年12月24日播种，覆膜和露地分别于2019年3月18日和3月25日出苗，3月28日和4月5日苗齐，处理相对提前1周左右。覆膜不同土层的地温平均比露天高1 ℃，土壤含水量：0～10 cm覆膜19.01%，露地12.10%，差异显著，10～20 cm分别为25.87%和21.91%，差异显著。地温和含水量的差异可能也是覆膜试验出苗早和苗齐的原因之一。

表2-22　土壤含水量　　单位：%

处理	0～10 cm	10～20 cm
覆膜	19.01 ± 1.94a	25.87 ± 0.24a
露地	12.10 ± 0.61b	21.91 ± 0.48b

采用苍术覆膜技术能够降低因除草等田间管理操作带来的人工成本。不覆膜的露地种植的当年共锄草3次，锄草费用480元/（亩·年）。覆膜的薄膜150元/（亩·年）+覆膜人工70元/（亩·年）+破膜人工30元/（亩·年）=250元/（亩·年）。与不覆膜相比，覆膜可节约投入230元/（亩·年）。从图2-19可以看出，覆膜每亩可增产20%左右，并且折干率也提高了10%左右。

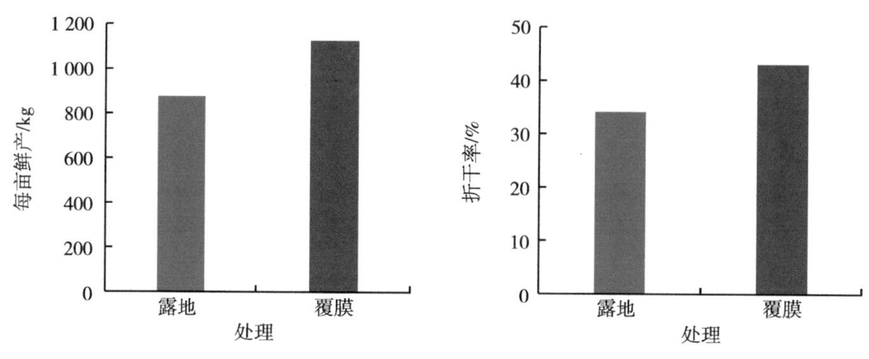

图2-19　不同处理下苍术的产量和折干率

第十一节　土壤培肥改良技术

一、研究背景

丹江口水源涵养区作为南水北调工程核心水源区、国家级生态示范区和鄂西北国家级重点生态功能保障区，历经“两淹、两停”，共移民46.54万人（其中内安34万人），共减少耕地285万亩（其中淹没土地80.2万亩）。内安人员多就近靠山耕作，山上耕地土质较差，可用耕地面积土壤有限，耕地耕层偏浅，土地的有机质、有效磷、速效钾的含量也偏低，土地整体质量下降，生态功能脆弱。改良现有土地质量，提高现有土地生态功能，提高单位土地产出效益和生态效益，才能落实中央关于农业农村建设指导精神，深入推进新农村建设，在促进农业经济快速发展的同时保护生态环境、维持社会稳定。本研究中根据水源涵养区所取土壤样品分析结果，综合分析经济投入和作物产出，为找到丹江口水源涵养区行之有效、值得推广的土壤质量修复和提升的方案提供理论支持。

二、研究方法

2017—2018年，在十堰市郧阳区柳陂镇高岭村（东经110°43′46″，北纬32°49′22″），选用蚕豆作为绿肥作物，玉米作为粮食作物，2种作物轮作，试验区整地播种之前均匀插入10 cm厚的河沙，具体9个处理方法如下。

处理1：河沙+100%化肥。

处理2：河沙+100%有机肥。

处理3：河沙+化肥+石灰。

处理4：河沙+化肥+生物炭。

处理5：河沙+50%化肥+土壤改良剂+沼液。

处理6：河沙+有机肥+石灰。

处理7：河沙+100%化肥+生物炭+土壤改良剂。

处理8：河沙+土壤改良剂。

处理9：河沙+沼液。

每个处理5个重复区，每个小区面积48 m^2（8 m×6 m），缓冲带1 m，9个处理，田间布置采用随机区组设计。施用有机肥和沼液的处理以氮为基准按有机氮占施用总氮的比例计算有机肥施用量。化肥用量：施用尿素200 kg/hm^2，磷酸二铵100 kg/hm^2，硫酸钾124 kg/hm^2。生物炭450 kg/hm^2。石灰10 000 kg/hm^2。

三、结果与讨论

从表2-23可知，鄂蚕1号在处理6中结荚数最高，为27.30个，在加入土壤改良剂的处理5、处理7和处理8中蚕豆生长株高分别为16.96 cm、17.50 cm、18.26 cm，较另外6个处理蚕豆生长株高偏矮，折算后平均亩产最高的为处理1和处理4，分别达到132.62 kg和134.66 kg。

表2-23 蚕豆生长性状和产量

处理编号	结荚数/个	株高/cm	小区实收产量/kg	平均亩产/kg
处理1	16.50	22.08	47.74	132.62
处理2	23.50	20.60	39.26	109.07
处理3	15.90	22.28	46.35	128.75
处理4	13.30	22.24	48.48	134.66
处理5	21.80	16.96	43.12	119.79
处理6	27.30	21.96	41.43	115.09
处理7	21.70	17.50	41.74	115.96
处理8	18.70	18.26	37.43	103.98
处理9	17.50	21.24	37.03	109.86

玉米的产量结果见表2-24，处理1折算后亩产为449.61 kg，较对照增产32.52%；处理2折算后亩产为427.69 kg，较对照增产26.06%；处理3折算后亩产为384.18 kg，较对照增产13.23%；处理4折算后亩产为444.94 kg，较对照增产31.14%；处理5折算后亩产为487.11 kg，较对照增产43.57%；处理6折算后亩产为448.27 kg，较对照增产32.12%；处理7折算后亩产为500.69 kg，较对照增产47.57%；处理8折算后亩产为444.02 kg，较对照增产30.87%；处理9折算后亩产

为445.52 kg，较对照增产31.31%。

表2-24 玉米产量

处理编号	实收玉米产量/kg	折合亩产/kg	平均增产率/%
处理1	9.28	449.61	32.52
处理2	8.83	427.69	26.06
处理3	7.93	384.18	13.23
处理4	9.18	444.94	31.14
处理5	10.05	487.11	43.57
处理6	9.25	448.27	32.12
处理7	10.33	500.69	47.57
处理8	9.16	444.02	30.87
处理9	9.20	445.52	31.31
对照	7.00	339.28	—

注：实收玉米产量取5个小区的平均值。为减少边际效应带来的误差，玉米收获时实际收获中间3行，占小区总面积的1/3。对照为相邻只施用化肥没有其他改土措施的国家土壤质量监测试验地小区的同一品种玉米。

玉米主要病害见表2-25，本次试验中纹枯病普遍暴发而且病情级别达到最高的9级；小斑病害也较为常见，病害等级1～5级均有；大斑病害较轻，病情指数多为1级；极个别单株还有发现丝黑穗病，其他病害暂未发现。

表2-25 玉米主要病害调查表

处理编号	纹枯病		小斑病		大斑病	
	病情级别	病情指数	病情级别	病情指数	病情级别	病情指数
处理1	9	57.22	3	10.00	1	0
处理2	9	71.11	5	16.11	1	0
处理3	9	78.89	1	4.44	1	3.89
处理4	9	76.67	3	9.44	1	0
处理5	9	78.89	5	12.22	1	1.67
处理6	7	38.89	1	3.89	1	1.67

（续表）

处理编号	纹枯病		小斑病		大斑病	
	病情级别	病情指数	病情级别	病情指数	病情级别	病情指数
处理7	9	72.78	5	11.11	1	0.56
处理8	9	73.89	1	2.78	1	1.67
处理9	9	67.78	5	10.56	1	0

第十二节　蚕桑文化景观构建技术与融合

一、研究背景

桑树种植与养蚕是丹江口水源涵养区的传统产业。桑树不仅可以养蚕，还可绿化美化环境、保持水土和治理农业面源污染。目前，区域桑种植单一，病虫草害严重，蚕业发展受阻，需求不高，桑种植效益较低。丹江口水源涵养区桑蚕业也在寻求新出路，如陕南地区常通过桑园间套种提高种植效益。但是，栽桑养蚕单位土地面积收益和单工劳动报酬已从优势向劣势转变，传统蚕桑种养产业已经难以取得稳定发展。桑树的多元化开发利用，将会成为今后桑树利用的方向。蚕桑是我国的传统经济产业，同时也承载着厚重的历史文化。如何让古老文化焕发新的生命，创造蚕桑业的持续发展是当下的重要课题。本研究基于生物多样性原理，改造传统桑园种植景观，引入桑蚕文化核心价值，形成具有地域特色的休闲观光农业模式，支撑丹江口水源涵养区的蚕桑业绿色发展。

二、研究方法

桑园地处安康市石泉县池河镇明星村（东经108°16′55″，北纬33°1′0″）。整个桑园设计为桑叶造型，以桑树为背景植物，将其他植物嵌入桑园，构成桑叶与蚕图案，并按功能分区，构建桑园生态景观。根据出土的鎏金铜蚕形状以及实际坡地地形使用金禾女贞进行蚕尾部修剪、新栽植苗木等措施进行加宽调整，为了加大拦截带与周围桑树的差异以突显鎏金铜蚕形象，在蚕身四周种植景观植物宽度为1 m的紫浆草（红叶白花）。桑叶叶脉由步行道与行道树构建而成。主叶脉由生态沟渠往上延伸建设步道，形成桑叶主叶脉，主叶脉步道长200 m，宽1.8 m，用（30 cm × 45 cm）步道石；侧叶脉步道宽1.3 m，长度400 m；步道两侧种植石榴树、李子树、樱桃树、柿子树、大枇杷等作为行道树；核心区主路两侧种植三叶草、波斯菊、百日草等。整个桑园生态构建中配置的林草植物种类有：石榴树、李子树、樱桃树、柿子树、大枇杷、桂花树、拐枣树、果桑、紫浆草、黄花菜、波斯菊、百日草、薰衣草、虞美人、硫化菊、松果菊、白三叶和红三叶等。

三、结果与讨论

以整个桑园打造出桑叶，以鎏金铜蚕图案打造蚕，体现安康市石泉县金蚕之乡的氛围，构建出繁花似锦、四季有景的生态园林。桑园增加了蜜源植物，有利于天敌、授粉昆虫的繁殖和栖息，趋避有害生物，提高桑产量。结合桑园农家乐打造桑园体验秀等活动，为桑园培育新的经济增长点，丰富和延伸桑蚕产业，实现了“三产”的融合，产生了很好的经济、社会与生态效益。明星村入选陕西省美丽宜居示范村，成为乡村振兴示范样板村（图2-20）。

图2-20　蚕桑生态景观与新业态

第二部分

丹江口水源涵养区绿色高效农业技术集成

第三章　生态富硒果园种植技术

一、范围

本标准规定了生态富硒果园的选址、园区布局、生态基础建设、经营模式和果园管理的相关技术要求。

本标准适用于生态富硒果园的建设，生态富硒果园的建设、生产、运营可参照本标准。

二、规范性引用文件

下列文件对于本文件的应用是必不可少的。凡是标注了日期的引用文件，仅该标注日期的版本才适用于本规范。凡是不注日期的引用文件，其最新版本（包括所有的修改单）的文件适用于本规范。

饲料添加剂安全使用范围：

GB 18596—2001《畜禽养殖业污染物排放标准》；

GB 15618—2018《土壤环境质量　农用地土壤污染风险管控标准（试行）》；

GB 5084—2021《农田灌溉水质标准》；

HJ 555—2010《化肥使用环境安全技术导则》；

NY/T 496—2010《肥料合理使用准则　通则》。

三、术语与定义

（一）生态富硒果园selenium-rich ecological orchard

在生态学和系统学原理指导下，通过植物、动物和微生物种群结构的科学配置，以及园区光、热、水、土（富含硒元素）、养分和大气资源等的合理利用而建立的一种以果树产业为主导、生态合理、经济高效、环境优美、能量流动和物质循环通畅的一种能够可持续发展的果园生产体系。

（二）生态廊道ecological corridor

在生态环境中呈线性或带状布局、能够沟通连接空间分布上较为孤立和分散的生态景观单元的景观生态系统空间类型，能够满足物种的扩散、迁移和交换，是构建区域山水林田湖草完整生态系统的重要组成部分。

（三）微生境microhabitat

在环境生态学中，微生境是一种对特殊微小生物的特殊生态环境。

四、果园选址基本要求

（1）果园集中连片面积不超过300亩。

（2）远离工矿区、垃圾等污染源，地块四周离污染源距离2 km以上。

（3）土壤中富硒，硒含量富集到大于0.4 mg/kg的土壤。

（4）土壤中污染物含量不高于GB 15618—2018《土壤环境质量　农用地土壤污染风险管控标准（试行）》的风险筛选值。

（5）农场内非生产的生态用地面积不小于果园面积的5%。

五、果园布局

（一）防护林

在基地内保留部分原有树林，不宜全面开发，在园地迎风面需设置防风林带，距果树栽植行5～6 m，栽植2～3排，行距1～1.5 m，株距0.5～1 m，对角线栽植，以根深常绿树为主，减轻强风对果园的侵害。防护林面积约占果园总面积的5%。

（二）道路规划

在园区内设置主道、辅道，以利于机械化操作，主道宽4～6 m，辅道宽2～3 m。

（三）蓄水池

每0.3 hm^2左右建1个长×宽×深不少于300 cm×250 cm×150 cm的蓄水池，

蓄水池既可为抗旱、施肥、喷药提供水源，又能挽留（沉积）因大雨而流失的土壤，还可在大雨时缓解流水的冲击力，减少下方果园的土肥流失。

（四）排水设施

依据地形，在园地四周建设排水沟渠，排水沟深度不小于100 cm，缓坡地不小于60 cm，上沿宽度不小于2 m。

六、果园生态基础建设

集约化生态果园基础建设，包括果园内多样化种植、生态廊道网络构建、自然半自然斑块生态修复3个部分，详见表3-1。充分利用果园路道，果园隙地、微生境斑块、田坎、渠岸等打造果园景观，构建区域“山水林田湖草”生命共同体，增强果园生态系统自我调节能力，维持和加强果园生态系统的多功能性和稳定性。

表3-1　集约化生态果园基础建设

果园内多样化种植	生态廊道网络构建				自然半自然生境斑块生态修复
	田边植草带	植被缓冲带（坡地、近水域、生态沟渠）	微生境斑块	乔灌草立体生态网	

（一）多样化种植

硒能提高人体免疫能力，促进淋巴细胞的增殖及抗体和免疫球蛋白的合成。在选择作物时应充分利用当地土壤富含硒元素的优势，开发天然富硒农产品。采用适宜的主栽品种和搭配品种条带间作种植。主栽品种应是通过与当地品种对比试验，在丰产性、抗逆性等方面表现优良的品种，搭配品种应是能够满足主栽品种授粉需要且具有一定优良性状的品种。根据主栽品种特性确定品种配置及栽植方式，标准园栽培避免集中连片纯园式栽培，而是主栽果树与农作物或其他果树、药材间作栽培。即在同一果园内不同种类、不同品种果树镶嵌种植。一般4 hm^2以上果园应种植2种以上果树，10 hm^2以上果园种植3种以上果树。增加果树品种多样性。园内一般采用多年生草本、豆科固氮植物、蜜源植物组合覆盖种植方式，为果园土壤培肥、控制病虫草害、增加授粉昆虫、减少面源污染、提升果园景观、增强果园生态功能的作用。

（二）生态廊道网络构建

主要包括田块边界植草带、植被缓冲带、生态沟渠、甲虫堤、微生境斑块和乔灌草立体生态网等。

在果园中间或者边缘建设混播的呈条状或片状的田边植草带生态缓冲区。在坡地、近水域、生态沟渠建设植被缓冲带。在果园内营造甲虫堤、小动物栖息地等微生境斑块。在果园内结合农田道路建设由乔木、灌木和草本植物构成的乔灌草立体生态网。通过连接片段化生境、斑块等，为果园多样化的生物构建适宜生活、移动或扩散的线性或带状的通道和植被。通过配置不同功能植物形成植物群落，可为鸟类、传粉者、害虫天敌等野生生物提供适宜的栖息地和觅食场所。具有改善农地生境质量、强化害虫天敌支持系统的作用，达到提高授粉率、减少农药使用、培肥土壤、净化水源、抑制杂草等多种生态系统服务功能。

（三）自然半自然生境斑块生态修复

在集约化果园外围、边缘或内部的原生自然半自然斑块或多种生态用地类型非线条非农作物的景观单元，即“田间岛屿”，一般为林地、湿地、草地及其复合体。面积一般大于0.5 hm^2，对集约化农田生态系统的稳定性起重要作用。一般采用减少人为干扰、合理利用及污染防控等生态修复措施。

七、果园经营模式

（一）“猪—沼—果”生态模式

“猪—沼—果”生态模式就是建立果园时，结合建设猪栏养猪、沼气池等配套设施，将果树生产与生猪养殖、沼气建设有机结合起来。果园间种蔬菜等作物，蔬菜用来喂猪，猪粪再入池发酵，循环利用，实现农业资源的高效利用和生态环境的改善。

（二）“果—草”生态模式

在果树行间自然长草或播种豆科、禾本科等的土壤管理方法叫生草栽培法，这种栽培模式叫“果—草”生态模式。充分利用幼龄果园空隙大的特点，在果园套种经济绿肥能有效地防止水土流失，改良土壤，培肥地力，改善园地温湿度，促进园地生态良性循环和早结丰产。同时有利于天敌数量的增加，减轻病虫害和生理病害的发生，减少农药的使用量。

（三）“果—草—禽”生态模式

在“果—草”生态模式基础上，利用果园养殖鸡鸭等家禽。在果园中种植的经济绿肥可作饲料，采取直接投饲、切碎生喂、切碎熟喂等或利用粉碎机加工成草粉作饲料。鸡鸭群也可觅食草籽、昆虫、蚂蚁等。畜禽生产又为果园提供充足的有机肥，改良熟化园地土壤，提高家禽品质和经济效益，从而起到种养协同发展的效果。

（四）“果—游”生态模式

“果—游”生态模式是将生态果园作为观光、旅游资源进行开发的一种绿色产业，是以果园景观、自然生态及环境资源为基础，结合果树生产及农家生活，对园区进行规划、景点布置，增添生活和娱乐设施，使果园成为具有生产、观光、休闲、生活和生态功能的生态观光果园。

八、果园管理

（一）选苗

在选用苗木时应具有“三证”（种苗生产许可证、种苗经营许可证、种苗检疫许可证）以及科研单位生产的无病虫、健壮的抗病品种。

（二）清扫果园

在树体休眠后，及时清理园内及果园周围的落叶、杂草、病虫僵果、粗翘树皮等进行深埋，可消灭大量的病原菌。

（三）间伐改形

采取隔株间伐或隔行间伐，通过抬干、开窗、脱帽等措施，减少主枝数量，除去老、残、次枝条，改善果园通风透光条件。

（四）绿色防控

坚持“以防为主，综合治理”的主要原则。以物理、生物防治为主，以化学防治为辅。

1. 生物防治

生物防治就是保护利用有益生物消灭有害生物。适当生草或种植绿肥，营造天敌生存环境，增加天敌数量，降低害虫虫口密度。人工释放天敌也是控制果园害虫的有效办法，如释放捕食螨能有效防治红蜘蛛和其他螨类。做到以虫治虫、以菌治虫、以禽治虫、以鸟治虫等生物防治，减少广谱性杀虫剂的用量。

2. 物理防治

利用害虫趋光、波、色、味的特性，在果园推广使用频振式诱虫灯诱杀夜蛾类和趋光性害虫，诱蝇器诱杀果蝇，黄板防治蝇类、蚜虫和粉虱类害虫等，可减少病虫为害，提高果实的商品性。

3. 化学防治

适当使用农药是控制病虫害，保证产量的必要措施，但应科学选择与合理使用农药，最大限度地控制病虫害的发生和防止环境污染。生态果园提倡使用生物源农药、矿物源农药、昆虫生长调节剂，禁止使用高毒、残效期长的农药。

（五）节水灌溉

选用灌水方法时应本着节水，减少土地侵蚀，改善根部小环境，提高水分利用率和量力而行的原则。常见的是沟灌法，在条件允许的情况下提倡使用喷灌、微灌、滴灌、地下渗灌等合理灌溉措施。农田灌溉水符合GB 5084—2021《农田灌溉水质标准》。

1. 沟灌

一般开沟与起垄配合进行，在果树树冠外围投影下方顺着行间方向，在树行两侧各挖1条深、宽各20 cm左右的灌水沟，将开沟取的土覆盖树盘，同时在树盘起垄，一般建议老果园垄高10 ~ 20 cm，新栽园20 ~ 30 cm，树下高，行间低，垄宽1 ~ 1.2 m。灌溉的时候可以顺着小沟进行灌溉，而且，每次灌溉只灌果树一面的小沟。

2. 喷灌

喷灌。设有压力供水泵站，管道分固定式和移动式两种，有高喷和低喷或高低喷配合式。通过一定的压力，把水压到旋转喷头，每个喷头控制一定面积。

喷灌适用于缺水的山丘地。

3. 微灌

按照作物需求，通过管道系统与安装在末级管道上的灌水器，将水和作物生长所需的养分以较小的流量，均匀、准确地直接输送到作物根部附近土壤的一种灌水方法，较适合于平地果园。

4. 滴灌

将有压灌溉水通过逐级管道及滴头，均匀而缓慢地滴入作物根部直接灌溉的一种先进灌水技术。

5. 地下渗灌

利用地下管道将灌溉水输入田间埋于地下一定深度的渗水管道，借助土壤毛细管作用湿润土壤的灌水方法。

（六）畜禽管理

（1）放牧强度低于草地载畜量。

（2）畜禽饲养中没有使用任何药物饲料添加剂，饲料添加剂应符合国家对饲料添加剂安全使用的规定。

（3）除法定要求的疫苗接种和驱虫治疗外，以畜禽疾病治疗为目的的抗生素或化学合成兽药使用在养殖期不足12个月的畜禽只可接受2个疗程，养殖期超过12个月的，每12个月最多可接受4个疗程。使用过这些兽药治疗过的动物要销售时，要达到所用药物规定的停药期2倍时间。

（4）畜禽粪便的综合利用率大于90%。养殖场污染物的排放符合GB 18596—2001《畜禽养殖业污染物排放标准》的规定。

（5）必须具备动物防疫条件合格证。

（七）生产规范

（1）果园生产不使用城市污水、污泥及其制成的肥料，化肥符合HJ 555—2010《化肥使用环境安全技术导则》和NY/T 496—2010《肥料合理使用准则　通则》的规定。

（2）不得使用国家明令禁止的农药。

（3）严禁在生态廊道和生境斑块使用农药和化肥，除草时应选择低干扰的方式，并制定因地制宜的管理措施。

（4）果园内废弃农膜、农药包装、肥料包装回收率达到100%。

（5）农场内有机废弃物资源化利用率应达到85%以上。

（6）采取必要措施防止水土流失、土壤酸化及盐渍化。

（7）果园有健全的文档管理制度，对投入品、农事操作、产品和副产物去向有清晰记录，相关信息记录档案完备，票证齐全。

（八）产品管理

（1）按照生产高端"生态富硒"果品的目标，建立完善的质量管理体系，产品质量符合国家相关质量标准。

（2）对采收、运输、储存的工具，及作业场所进行清洗、消毒，确保无污染果实的隐患。

（3）果实收获后及时入库储存，严禁地面堆放和长时间室外放置。

（4）果实不得与有毒、有害物品混合存放，不得使用有损果品质量的保鲜试剂盒材料。

（5）产品包装符合国家相关规定。

第四章　生态茶园种植技术

一、范围

本标准规定了生态茶园建设、生产管理、病虫害防治、极端自然灾害防治、鲜叶采摘与管理相关技术要求。

本标准适用于生态茶园建设。

二、规范性引用文件

下列文件对于本文件的应用是必不可少的。凡是标注了日期的引用文件，仅该标注日期的版本才适用于本规范。凡是不注日期的引用文件，其最新版本（包括所有的修改单）的文件适用于本规范。

NY/T 2798.6—2015《无公害农产品　生产质量安全控制技术规范　第6部分：茶叶》。

三、术语与定义

生态茶园 ecological tea plantation

依照茶树的生物特性，按照生态系统内物种共生、物质循环、能量多层次利用的生态学原理，改变传统茶产业生产模式，推进茶叶绿色发展，引领茶叶转型升级，实现茶叶优质、高效、安全生态生产，促进茶产业可持续发展，建立经济、生态、社会协同发展的茶园。

四、生态茶园建设

（一）生态茶园环境要求

（1）茶园远离居民生活区、工业生产区等人类活动的区域，避开污染区域。

（2）茶园环境基础比较好，水源便捷且清洁，土壤基础良好，土壤呈弱酸性，pH值4.5～6.5。

（3）茶园水土保持良好，绿色植被覆盖率较高，林木植被丰富，生物多样性好。

（二）生态茶园建设规划

1. 基础建设

（1）茶园山地坡度25°以下，土壤层厚在60 cm以上且没有硬盘层。

（2）茶园道路合理规划，茶园主干道可通往园外道路，其道路应满足道路设施相关规定以及确保机动车行驶安全；茶园行道与茶园主干道相连，其道路应满足田间生产和农机下田的要求；茶园行道与行道之间设置步道，坡底茶园步道需要建设成环山的S弯道。

（3）茶园排蓄灌水系统合理布局，根据茶园地形、地势，建立蓄水池、集水系统、排水系统等多元化水利设施。可将喷灌技术、滴灌技术等应用到生态茶园中。在生态茶园内部的道路两侧修建排水沟，排水沟一般控制在1 m宽，在修建好排水沟后，每隔15 m左右设置1个蓄水池。

2. 生态建设

茶园可建设“乔—灌—草”“茶—果”“茶—菌”“茶—药”生态模式。

（1）“乔—灌—草”生态模式

茶园内部可配置乔—灌—草生态模式，即“树木—茶树—草”。按照“茶园周边有林、路边沟边有树、种植隔离防护带、梯壁梯岸留草种草”的原则进行规划。茶园四周保留或合理种植防护林，在茶园种植地与非茶园种植地应保留或种植1 km以上的隔离带，茶园内道路、沟渠两侧或一侧种植行道树，以常绿树为主，一般3～5 m种植1株。茶园内空闲地种植遮阴树，选择一些高大落叶的深根系乔木，每亩一般种6～10株为宜，可根据茶树和遮阴树的树龄、生长势适时对遮阴树进行科学整枝修剪，控制茶园遮阴度10%～30%，不超过35%。茶园行间、梯壁留草或种草。梯壁绿草均使用割草机割除，覆盖于茶园行间，在裸露的茶园梯壁梯坎，可以作为护坡绿肥种植。详见表4-1和表4-2。

表4-1　生态茶园配置树种选择

植物名称	特性	用途
桂花	常绿乔木	行道树、遮阴树
杉木	常绿乔木	防护林、行道树、遮阴树、隔离树
香樟	常绿乔木	行道树
红豆杉	常绿乔木	遮阴树
红叶石楠	常绿乔木	防风林、行道树、遮阴树
山茶花	常绿小乔木	行道树、隔离树
枇杷	常绿小乔木	蜜源植物
银杏	落叶乔木	行道树
白蜡	落叶乔木	遮阴树
紫玉兰	落叶灌木	行道树、遮阴树
迎春	落叶灌木	行道树
杜鹃	常绿灌木	隔离树
樱花	落叶小乔木	行道树
海棠	落叶小乔木	行道树

表4-2　生态茶园配置草本植物选择

植物名称	特性	用途
圆叶决明	多年生草本	茶园间作、护坡
苜蓿	多年生草本	茶园间作
三叶草	多年生草本	茶园间作、护坡
黄花菜	多年生草本	茶园间作
紫云英	一年生草本	茶园间作
苕子	一年生草本	茶园间作、护坡
大豆	一年生草本	茶园间作

（续表）

植物名称	特性	用途
黑麦草	多年生	茶园间作、护坡
迷迭香	灌木	绿化带
薄荷	多年生草本	绿化带
百喜草	多年生	护坡

（2）“茶—果”生态模式

在茶园间作不同的果树，应选择与茶树无共同病虫害，主干分枝部位较高，最好是冬季落叶、喜光性中小乔木。种植时株与株交错种植，避免穿过枝叶的阳光分配不均。种植密度应视树种的树冠而定。

（3）“茶—菌”生态模式

以茶为主，以茶生菌，以菌养茶。在茶园四周种林木或间作，每亩种植15株左右，在茶蓬下栽植食用菌，菌筒放摆的时间8—9月，每亩放摆600～900个。离茶树主茎5～10 cm的行间，开挖沟深10～15 cm、宽20～25 cm的食用菌种植沟。采收菌时间为9月至翌年4月初，可采3～4轮，食用菌每亩单产300～500 kg（鲜菌）以上。

（4）“茶—药”生态模式

在建设生态茶园时，也可以选择采用“茶树+药用植物”的发展模式。

五、生产管理

（一）茶树种植

1. 茶树品种选择

茶树品种应选择适合园区气候条件、具有较强抗性的茶树良种，合理搭配早、中、晚生茶树品种。

2. 种植方式

（1）种植前需要重行深垦和开沟施入基肥，结合茶园的实际情况按量施入大量的有机肥和一定的磷肥分层施入作为基肥。平整地面，按规定行距划线，开沟种植。

（2）单行条栽：一般的种植行距1.3 ~ 1.5 m，丛距25 ~ 33 cm，每丛种植2 ~ 3株，每亩用苗2 500 ~ 4 000株。

（3）双行条栽：每2条以30 cm的小行距相邻种植，大行距为1.5 m，丛距25 ~ 33 cm，每丛种植2 ~ 3株，每亩用苗4 000 ~ 6 000株。

（4）茶苗种植根系收拢向下，覆土埋没根茎处，压紧踏实表土。栽植后注意抗寒、抗旱、保苗。

（二）茶园修剪

茶园修剪要根据茶树的树龄树貌进行合理科学地修剪，不仅要注重对茶树的系统性修剪，还要对防护林、行道树和遮阴树等进行修剪整理。茶树修剪分为定形修剪、轻修剪、深修剪、重修剪和台刈。

1. 定形修剪

定形修剪针对幼龄茶树或衰老茶树更新后复长茶树塑造树冠结构的修剪控制方法，可以培养茶树骨架、促进茶树分枝、扩大树冠。

2. 轻修剪

幼龄茶园需要每年进行1次轻修剪，青壮年茶园每年需进行2次轻修剪，并结合清兜亮脚和边缘修剪。

3. 深修剪

深修剪是一种改造树冠的措施，主要针对鸡爪枝多的生产茶园，降低树冠高度，复壮树势。可将树冠面剪去3 ~ 5 cm，将树冠面突出枝或鸡爪枝设为基准线，控制树高在50 ~ 60 cm，将树冠面修剪整齐。

4. 重修剪

重修剪主要针对骨干枝及有效分枝仍有较强生育能力、树冠上绿叶层轻薄的树，或因常年缺少管理生长势强但树冠较高的树，可剪除行间交叉枝条，保证有20 ~ 30 cm的通风道。

5. 台刈

台刈主要针对枝干灰白或枝条上布满苔藓、地衣，叶片稀少，多数枝条丧失育芽能力，产量很低，即使增施肥料或重修剪改造，也很难达到较好的增产提质效果的茶园中采用。

（三）土壤管理

（1）可在茶园行间铺草覆盖或在茶园内套种绿肥，在春夏期间在茶园套种大豆、花生等豆科作物。11月前后结合茶园冬季翻耕，施用有机肥，并套种油菜花。

（2）应对茶园土壤进行合理耕作，一般茶园的耕作深度在25～30 cm，所以需要保持平均每年或者每2年翻耕1次。同时，在对茶园进行翻耕的时候需要结合具体情况对茶园进行追肥和除草。

（四）施肥管理

选择适合生态茶园的肥料，保持有机肥和无机肥的平衡使用，同时坚持土壤和叶面平衡施肥原则、基肥和追肥平衡原则、微量元素和大量元素平衡原则。根据茶树的年龄、树势和产量而定施肥的量。

1. 基肥

根据茶树生长情况选择合理的施肥时间，一般在9月中旬至10月初完成基肥施加工作，有机肥和无机肥配合。

2. 追肥

试茶园生产情况和立地条件，合理施用追肥。在翌年3月中旬、5月底、7月中旬左右完成追肥工作。

六、病虫害防治

根据茶园中病虫害的种类以及发生规律，采取农业防治、物理防治、生物防治及符合生态理念的防治方法。

（一）农业防治

农业防治主要通过一系列农业措施对病虫害进行防治。如冬季和早春季节进行茶园中耕松土；在秋茶采收结束后的11月至翌年1月进行茶园清园，结合修剪整形，及时清理并销毁茶树的枯枝落叶和病虫枝叶；对带有病虫的枝叶进行修剪或通过高频率的除杂草避免与茶树争夺阳光、水分和肥料；通过改善施肥方式，改善茶树的营养条件等。

（二）物理防治

物理防治主要包括汰选法、捕杀法、诱杀法、热处理法和隔阻法等，通过物理手段对害虫的生理活动造成破坏，影响害虫的繁殖，进而减少害虫的数量。如利用茶叶害虫的趋性用黄板来诱杀；利用不同昆虫对不同波段和波长光趋性不同的特性，使用频振诱控技术来诱杀有强趋光性的茶园害虫；结合日常茶园管理采用人工捕杀等。

（三）生物防治

生物防治主要是通过以虫治虫、以菌治虫和以鸟治虫等方法来防治病虫害。如提高自然抵御能力、利用害虫天敌、微生物制剂、植物源农药的使用、昆虫信息素及昆虫生长调节剂等。

七、极端自然灾害防治

（一）冻霜灾害

种植抗寒茶树良种，深耕施足基肥，营造防护林带，设置挡风物和采用覆盖措施等设施进行茶园防冻。

（二）旱热灾害

种植抗旱茶树良种，进行铺草覆盖、松土、施肥、遮蔽，做好喷灌灌溉等措施进行茶园防旱。

八、鲜叶采摘与管理

根据茶树生长特性和各种茶类对加工原料的要求，适时采摘。

按照NY/T 2798.6—2015《无公害农产品　生产质量安全控制技术规范　第6部分：茶叶》的原则执行。

第五章　生态菜园种植技术

一、范围

本标准规定了生态菜园的选址、园区布局、栽培技术、采收、储藏相关技术要求。

本标准适用于指导生态菜园建设。

二、规范性引用文件

下列文件对于本文件的应用是必不可少的。凡是标注了日期的引用文件，仅该标注日期的版本才适用于本规范。凡是不注日期的引用文件，其最新版本（包括所有的修改单）的文件适用于本规范。

GB/T 20014.5—2013《良好农业规范　第5部分：水果和蔬菜控制点与符合性规范》

NY/T 5010—2016《无公害农产品　种植业产地环境条件》

NY/T 496—2010《肥料合理使用准则　通则》

NY/T 393—2020《绿色食品农药使用准则》

三、术语与定义

（一）生态菜园 ecological vegetable garden

以生态学或生态经济学原理为指导，运用现代科学技术及管理手段，因地制宜，建立能够维持菜田生态系统平衡，促进菜园物质和能量良性循环，实现生态效益、经济效益、社会效益同步提高的可持续蔬菜生产体系。

（二）绿色防控 green prevention and control

从园区生态系统出发，以农业防治为基础，积极保护利用自然天敌，提高农作物抗性，必要时施用化学农药，将病虫为害损失降到最低限度。

四、园址选择

（1）应选择在相对平缓地建设，坡度控制在25°以内。

（2）早春蔬菜基地应建在海拔300 m以下，高山反季菜基地应建在海拔800 m以上地区。

（3）具有灌溉和排涝条件。

（4）地下水埋藏深度在1 m以上。

（5）集中连片，适度规模。每小块面积2亩以上，连片面积5亩以上。

（6）轻壤或沙壤，土壤pH值6.5 ~ 7.0。

（7）土层厚度30 cm以上，有机质含量大于3%。

（8）交通便利，无工业污水、生活污水污染的地区。

五、园区布局

（一）排灌设施

因地制宜在园地四周建设排水沟渠，排水沟深度不小于100 cm，缓坡地不小于60 cm，上沿宽度不小于2 m。具备供水条件的可以设计滴灌系统。

（二）田间道路

在园区内设置机耕道、板车道、田间便道，以满足蔬菜生产要求。机耕道宽4 ~ 5 m，板车道宽2 ~ 3 m，田间便道宽1 ~ 2 m。

（三）防风林

在主迎风面设置防风林，距蔬菜种植区5 ~ 6 m，栽植2 ~ 4行，行距根据树种确定，对角线栽植，以根深常绿树为主。

（四）园区生态功能强化

1. 多元化种植

在园区的干道、渠道、地边、斑块地、田块间的隔带，辅助培植适应性强、经济价值高、观赏性好的木本果树、蜜源植物等。可选择桃树、葡萄、樱桃、柑橘、枇杷、桑树、蔷薇、栀子花、桂花等，面积应达到园区总面积的20%。

在园区的干道、渠道、地边、斑块地、田块间的隔带，采用3种以上多年生草本、豆科固氮绿肥植物、蜜源植物、驱避植物组合覆盖种植方式，如金针、百合、三叶草、二月兰、紫花苜蓿、向日葵、菊科植物（百日菊、波斯菊、矢车菊、松果菊等）、莲花、紫苏、薄荷、罗勒等，面积应达到园区总面积的5%～10%。

培植方案可依据具体情况，灵活设计，因地构建。通过多元化种植，增加园区的生物多样性，增强土壤培肥、控制病虫草害、增加授粉昆虫、减少面源污染，提升菜园景观和生态功能，打造生态优美，环境优良的生态蔬菜产业基地。

2. 生态种植模式

（1）间套轮作模式。选用生态要求有差异，但能共生互利的品种，实行间套轮作立体种植，以利地上部分分层采光，地下水肥分层利用，提高复合群体的功能，增强生态系统的平衡与稳定，取得生态效益及经济效益双赢的效果。轮作组合多采用芹菜—黄瓜（番茄）、韭菜—黄瓜、番茄—菜豆、蒜苗—黄瓜—芹菜等。间套作多采用甘蓝与莴笋、洋葱与豌豆、韭菜与大白菜、豌豆与菜用型玉米、大蒜与马铃薯、大蒜与菠菜等组合。

（2）种养循环模式。在菜园建设中引入沼气池项目，建立“猪—沼—菜”“菜—鸡—肥”“菜—鹅—肥”等循环模式，用畜禽粪便生产沼肥，沼肥是良好的有机肥料，用来种植蔬菜等作物；蔬菜等作物的下脚料可以作为畜禽的补青饲料，各个环节紧密相连，有机结合，始终保持物质循环，形成高效种养模式，实现种植、养殖废弃物的资源化利用，不仅经济效益、生态效益显著，而且有利于产业的可持续发展。

（3）观光蔬菜园模式。建设集蔬菜生产、自种采摘、休闲观光、餐饮娱乐于一体的现代蔬菜休闲观光产业园。结合地域实际，打造“自种园”“观光园”“采摘园”等新型旅游蔬菜产业园，以自然恬静的园村环境、风味独特鲜美的保健饮食、返璞归真的生态文化理念，吸引顾客，提高农民收益，促进农村经济发展。

六、栽培技术

（一）品种选择

（1）根据当地自然条件、农艺性能、市场需求和优势区域规划选择蔬菜品种。

（2）选用抗病、抗逆性强、优质丰产、适应性广、商品性好的蔬菜品种。

（3）推荐选用经过省级及省级以上农作物品种审定委员会审定或认定的品种。

（二）种子处理

选用干热处理、温汤浸种、热水烫种、药剂消毒和药剂拌种等适宜的种子处理措施降低生长期病虫害发生和后期农药使用量。

（三）播种和定植

（1）根据栽培季节和品种特征选择适宜播种期、定植时间及定植密度。

（2）根据不同蔬菜种类选择直播或营养钵育苗，苗床和栽培地土壤熏蒸及基质应符合GB/T 20014.5—2013《良好农业规范　第5部分：水果和蔬菜控制点与符合性规范》的规定。

（3）应根据土壤状况、气候条件、市场需求，科学合理地安排蔬菜种类与茬口。

（四）田间管理

1. 灌溉

（1）应根据不同种类蔬菜的需水规律、不同生长发育时期及气候条件、土壤水分状况，适时、合理灌溉或排水，保持土壤良好的通气条件。

（2）灌溉用水、排水不应对蔬菜作物和环境造成污染或其他不良影响。灌溉水质量符合NY/T 5010—2016《无公害农产品　种植业产地环境条件》的相应规定。

2. 施肥

（1）应根据土壤条件、作物营养需求和季节气候变化等因素分析，确定合理的肥料种类、施肥数量和时间，科学配比，营养平衡用肥。

（2）肥料使用应符合NY/T 496—2010《肥料合理使用准则　通则》的规定。

（3）根据蔬菜生长情况与需求，使用速效肥料为主作为营养补充。可根据实际采用根区撒施、沟施、穴施、淋水肥及叶面喷施等多种方式。

（4）化学肥料与有机肥料应配合使用。农家肥经充分腐熟达到有机肥卫生标准后可以在蔬菜生产中使用。

（5）禁止施用未经国家有关部门登记的化学肥料、生物肥料；禁止施用未经发酵腐熟、未达到无害化指标、重金属超标的人畜粪尿等有机肥料；禁止使用城市生活垃圾、工业垃圾及医院垃圾。

3. 病虫害防治

（1）防治原则。坚持“预防为主，综合防治”的原则，采用绿色防控技术，以农业防治、物理防治、生物防治为主，科学合理地使用化学防治，将蔬菜有害生物的危害控制在允许的经济阈值以下，生产安全、优质蔬菜。

（2）农业防治。

①深耕晒垡，使表土和深层土壤作适度混合。

②土壤冻垡，越冬前浇足冬水，使土壤冻结，杀死病菌。

③清洁田园。及时摘除病枝残叶，清理前茬枯叶、杂草，带出田园，集中深埋或烧毁，减少病源、虫源。

④合理轮作。实行2～3年以上非本科作物轮作，水旱田轮作。

（3）物理防治。

①诱杀防治。使用白炽灯、高压汞灯、频振式诱虫灯或用黄板、蓝板诱杀害虫。

②利用地膜、黑膜、银灰膜、除草膜、无滴膜、紫外线隔断膜、防虫网等防病、抑虫、除草。

③利用害虫的生活习性诱杀害虫。选用糖醋液、性信息素等诱杀害虫。

④利用热能进行防治。晒种、高温晒土可抑制病情，杀灭土壤中害虫。

（4）生物防治。

①以虫治虫。利用瓢虫、食蚜蝇、草蛉、猎蝽、蜘蛛等捕食性天敌防治害

虫；利用赤眼蜂、丽蚜小蜂等寄生性天敌防治害虫。

②以菌治虫。利用苏云金杆菌（Bt）等细菌，球孢白僵菌、金龟子绿僵菌、微孢子虫等真菌，核型多角体病毒（NPV）、颗粒体病毒等防治害虫。

③以菌治菌（包括抗菌素）：利用木霉菌、枯草芽孢杆菌等拮抗微生物，黄瓜花叶病毒卫星RNA和烟草花叶病毒弱毒疫苗、井冈霉素、多抗霉素等农用抗菌素防治病害。

④利用植物源农药鱼藤酮、苦参碱、烟碱、除虫菊素防治多种害虫。

（5）化学防治。

①合理选用农药。根据蔬菜病虫害发生情况对症用药，因防治对象、农药性能不同而选择最合适的农药品种。

②农药使用应符合NY/T 393—2020《绿色食品　农药使用准则》的规定。

③选用高效、低毒、低残留农药并采用最小有效剂量。禁止使用国家明令禁止的高毒、剧毒、高残留的农药及其混配农药品种。

④改进施药方法。针对不同病害发生规律选择不同施药方法。能局部用药不整株用药，能挑治的不普治，不得随意加大用药量。

⑤交替用药。正确复配、混用农药。不同类型、不同种类的农药交替施用。

⑥严格执行农药安全间隔期，保证蔬菜上市时农药残留不超标。

七、采收

在农药安全间隔期后适时采收，采收中所用工具要清洁、卫生、无污染。

八、储存

临时储存时，应在阴凉、通风、清洁、卫生的条件下，严防烈日暴晒、雨淋、冻害及有毒物质和病虫害为害。存放时应堆码整齐，防止挤压等造成损伤。

中长期储存时，应按品种、规格分别堆码，要保证有足够的散热间距，保持适宜的温度和湿度。在应用传统储藏方法的同时，应注意选用现代储藏保管新技术、新设备。

第六章　绿色高效农业技术清单

第一节　生物多样性利用

生物多样性利用鼓励通过多样化种植提高生物多样性，生物多样化的生态系统对害虫、疾病和气候变化的抵抗力及恢复力更强。通过种植多样化的本地植物为有益昆虫提供支持；允许农田景观中出现一些“杂乱”，为野生动物提供支持，枯死的木头、断枝和灌木丛堆是很多生物的栖息地；保留景观中的一些受损害的植物，它们可为昆虫提供食物来源；在冬季保留直立的多年生植物，可为鸟类和昆虫提供食物来源和庇护所；种植更多的本地植物以支持当地的生态系统，并为其他野生动植物提供生境；根除或减少景观中的入侵植物，首先尝试采用物理方法清除入侵植物，再结合生物方法利用竞争性强的本地植物替代入侵植物。生物多样性利用的绿色清单和红色清单涉及了生态果园、生态茶园、生态菜园和生态粮田的生物多样性利用4个方面。

一、生态果园

（一）绿色清单

1. 果园生草

（1）行间生草，种植白三叶和黑麦草或自然生草。

（2）行间或全园种植多年生绿肥植物，如紫云英、箭筈豌豆、胡萝卜、黑麦草、光叶苕子、毛叶苕子、山黎豆、吉祥草、商陆等。

2. 果园间套种

（1）果树与蔬菜间作，如间作韭菜、马铃薯、甘薯等。

（2）果树与中药材间作，如间作板蓝根、元胡等。

（3）果树与粮食作物间作，如玉米、山稻、大豆等。

（4）果树与食用菌间作，间作紫木耳、草菇等。

（5）果树与魔芋间作。

3. 果园生态管理措施

（1）每年进行恢复性修剪、整修。

（2）制订果树种植计划以恢复树的数量至适度水平。

（3）在果园中构建草地或矮灌木。

（4）保护树不受牲畜的损害。

（5）保留保护所有成熟或过成熟的直立的树。

（6）保留一些直立但已枯死的树，以及一些活树上面的枯枝。

（7）果园中草地的管理采用刈割或放牧的方式。

（二）红色清单

（1）果园不宜采取清耕。

（2）果园种植的绿肥作物在盛花期前不刈割、不翻压。

（3）草地不施用化肥。

（4）禁止果园土地镇压或耙地。

二、生态茶园

（一）绿色清单

（1）茶树间作豆科作物，如花生、大豆等。

（2）茶树间作油料作物，如油菜。

（3）茶树间作粮食作物，如玉米。

（4）茶树间作绿肥，如白三叶、平托花生、罗顿豆、铺地木兰。

（5）茶树间作芳香植物，如罗勒、紫苏等。

（6）茶树间作开花乔木，如樱花、桂花等。

（二）红色清单

无。

三、生态菜园

（一）绿色清单

（1）蔬菜间作，如白菜与甜菜，黄瓜、辣椒、番茄间作芹菜。

（2）蔬菜间作芳香植物，如番茄间作紫苏、迷迭香、薄荷、神香草、罗马果香菊、罗勒等。

（3）蔬菜间作粮食作物，如水芹间作水稻。

（二）红色清单

避免同科的蔬菜间作。

四、生态粮田

粮田属人为干扰度高、生物多样性较脆弱的集约化农田系统，需要从农田内、农田边界、非农斑块3个尺度进行论述。

（一）绿色清单

1. 农田内生物多样性利用措施

（1）互补配置（如株型高矮、枝型胖瘦、叶形尖圆、根系深浅、喜光耐阴、喜湿耐旱、生育期早晚、密度大小、行幅宽窄等）、互利相生的间作。

（2）前后茬作物的搭配协调、紧密衔接的轮作。

（3）作物收获后，种植填闲覆盖绿肥，如黑麦、野豌豆、钟穗花属、大麦、芥菜等，于翌年1月末或2月翻压覆盖绿肥。

（4）构建2 ~ 4 m宽、高0.4 m的甲虫堤，甲虫堤两端应预留不超过25 m的区域，作为农机通道，播种多年生牧草组合，包括一些可形成草坪的品种，如鸭茅或梯牧草。

（5）农田内保留或构建鸟类、野兔筑巢生境，冬季谷物地里选择20个斑块为云雀提供栖息地，非作物耕地面积必须至少为1 hm^2，且不超过2.5 hm^2，至少要100 m宽。

（6）耕地面积在2 hm^2以上的农田内必须设置鸟类栖息地，即越冬残茬区，在较小的区域可以撒播或播种可生产种子或提供蜜源的植物，如芥菜、饲用小萝卜、油菜。

2. 农田边界生物多样性利用措施

（1）构建宽约3 m，长大于20 m的乔木和灌木组成的树篱，维持树篱高度不超过2 m，树篱刈割次数每3年不超过1次，每次刈割面积不超过整个树篱区域的1/3。

（2）构建至少6 m宽的蜜源植物带，花带在农业景观中所占比例应不少于5%，每年需保持总面积不变，植物组合中至少包括4种蜜源丰富的植物（如红三叶、杂三叶、百脉根、红豆草、黄葵、黑矢车菊）。

（3）构建至少6 m宽的食源条带，食源植物组合均衡，至少包括3种结小种子的作物，从大麦/薏米、黑小麦、羽衣甘蓝、藜麦、亚麻籽、谷子、芥菜、饲用小萝卜、向日葵中进行选择。

（4）构建树篱和沟渠组合多样化的堤岸，种植水生植被如芦苇、黄菖蒲、草芦、水生薄荷、豆瓣菜、驴蹄草。

3. 非农条带/斑块生物多样性利用措施

（1）构建食源斑块，面积0.4 ~ 3 hm^2，食源植物组合均衡，至少包括3种结小种子的作物，从大麦/薏米、黑小麦、羽衣甘蓝、藜麦、亚麻籽、小米、芥菜、饲用小萝卜、向日葵中进行选择。

（2）林地边缘要求从林地向农田内方向留出6 m宽的非耕种条带，允许矮树和草的生长，条带选址时仅应邻近主要的本土原生林地。

（二）红色清单

（1）农田内间作时避免相克作物同时种植。

（2）农田内轮作时避免同科作物。

（3）农田内覆盖作物禁止施用任何化肥和粪肥。

（4）农田边界植物缓冲带禁止施用任何其他的杀虫剂、肥料、粪肥或石灰。

（5）禁止将蜜源植物带用作通道、转弯处或仓库。

（6）禁止在考古遗址或古迹处构建甲虫堤，以免对其造成破坏。

（7）非耕作斑块的选址避免易于积水造成水涝的地块。

（8）禁止在有水土流失和径流风险的区域选择非耕作斑块用于营造鸟类栖

息地。

（9）禁止在距沟渠中心2 m范围内耕作或施用化肥、杀虫剂。

（10）禁止频繁清理沟渠。

（11）禁止改变或增加沟渠的宽度和深度。

（12）禁止在树冠下及距树冠边缘2 m范围内进行耕种、补饲家畜、存放物料或机械、控制杂草。

（13）灌木林的修剪每年不超过整个区域的1/3，禁止在鸟类繁殖季节修剪灌木林。

（14）禁止在春季和夏季对非作物生境进行放牧。

（15）避免放牧践踏带来的破坏和土壤压实。

（16）禁止偷猎非作物生境的野生动物。

第二节　种植业

种植业的绿色清单和红色清单包含了对产地环境、品种选择、灌溉、农膜使用、病虫害防治、化肥施用、采收、农田废弃物处置8个方面。

一、产地环境

（一）绿色清单

（1）应选择生态环境良好、无污染的地区，远离工矿区和公路、铁路干线，避开污染源。

（2）应保证产地具有可持续生产能力，不对环境或周边其他生物产生污染。

（3）应推广高标准农田建设，高标准农田建设应符合GB/T 30600—2022《高标准农田建设　通则》的要求。

（4）应设立基本农田保护区，恢复已退化的农业生态环境。

（5）应设置有效的缓冲带或物理屏障，以防止产地受到污染。

（二）红色清单

（1）严禁在生态保护红线划定区域内开发建设农产品基地。

（2）严禁种植掠夺性或破坏耕作层类农作物。

（3）不得在25°以上陡坡地耕种。

（4）不得毁林、烧山、天然草地垦殖。

（5）不得在粮食生产功能区、蔬菜生产保护区种植破坏土地储备功能作物。

（6）在饮用水水源一级保护区内禁止新增农业种植。

（7）在河道管理范围内，禁止种植高秆农作物。

二、品种选择

（一）绿色清单

（1）根据当地自然条件、农艺性能、市场需求和优势区域规划选择品种。

（2）选用抗病、抗逆性强、优质丰产、适应性广、商品性好的品种。

（3）推荐选用经过省级及省级以上农作物品种审定委员会审定或认定的品种。

（4）应根据土壤状况、气候条件、市场需求，科学合理地安排作物种类与茬口。

（5）根据栽培季节和品种特征选择适宜播种期、定植时间及定植密度。

（二）红色清单

（1）禁止采集或者采伐国家重点保护的天然种质资源。

（2）不得引进无检疫合格证明的种子种苗。

三、灌溉

（一）绿色清单

（1）应根据不同作物的需水规律、不同生长发育时期及气候条件、土壤水分状况，适时、合理灌溉或排水，保持土壤良好的通气条件。

（2）灌溉水质量应符合NY/T 5010—2016《无公害农产品　种植业产地环境条件》的相应规定。

（3）应采用合理的灌溉方式。对旱田提倡采用滴灌、喷灌等先进灌溉方式，尽量减少大水漫灌；对水田要加强田间水管理，尽量减少农田水的排放。

（4）应推广节水灌溉、水肥一体等节约型农业技术。

（二）红色清单

（1）灌溉用水、排水不应对作物和环境造成污染或其他不良影响。

（2）新流转和退出的土地土壤及灌溉水质量不得低于NY/T 391—2021《绿色食品　产地环境质量》的标准。

（3）不得发展毛灌溉定额大于500 m^3/亩的非节水农业。

四、农膜使用

（一）绿色清单

（1）科学使用农用地膜、棚膜。推广使用厚度大于0.01 mm、耐候期大于12个月的农用地膜和厚度大于0.12 mm的农用棚膜。

（2）及时捡拾在农业生产过程中产生的废旧农膜。推广机械揭膜、拾膜技术。

（二）红色清单

（1）禁止生产、销售和使用厚度0.008 mm以下的农用地膜。

（2）不得随意弃置、掩埋或者焚烧废旧农膜。

五、病虫害防治

应坚持“预防为主，综合防治”的原则，采用绿色防控技术，以农业防治、物理防治、生物防治为主，科学合理地使用化学防治。

（一）绿色清单

1. 农业防治

（1）选择抗病虫品种，种子种苗检疫。

（2）加强栽培管理，培育壮苗。

（3）中耕除草。

（4）耕翻晒垡结合土壤冻垡清洁田园。

（5）轮作倒茬结合间作套种预防病虫害。

2. 物理防治

（1）使用白炽灯、高压汞灯、频振式诱虫灯或采用黄板、蓝板诱杀害虫。

（2）利用地膜、黑膜、银灰膜、除草膜、无滴膜、紫外线隔断膜、防虫网等防病、抑虫、除草。

（3）选用糖醋液、性信息素等诱杀害虫。

（4）通过晒种、高温晒土可抑制病情，杀灭土壤中害虫。

3. 生物防治

（1）以虫治虫。利用瓢虫、食蚜蝇、草蛉、猎蝽、蜘蛛等捕食性天敌防治害虫；利用赤眼蜂、丽蚜小蜂等寄生性天敌防治害虫。

（2）以菌治虫。利用苏云金杆菌（Bt）等细菌，球孢白僵菌、金龟子绿僵菌、微孢子虫等真菌，核型多角体病毒（NPV）、颗粒体病毒等防治害虫。

（3）以菌治菌（包括抗菌素）。利用木霉菌、枯草芽孢杆菌等拮抗微生物，烟草花叶病毒弱毒疫苗、井冈霉素、多抗霉素等农用抗菌素防治病害。

（4）利用植物源农药。利用鱼藤酮、苦参碱、烟碱、除虫菊素防治多种害虫。

4. 化学防治

（1）根据病虫害发生情况对症用药。

（2）选用高效、低毒、低残留农药并采用最小有效剂量，提倡兼治和不同作用机理农药交替使用。

（3）选用悬浮剂、微囊悬浮剂、水剂、水乳剂、微乳剂、颗粒剂、水分散粒剂和可溶性粒剂等环境友好型剂型。

（4）在主要防治对象的防治适期，根据有害生物的发生特点和农药特性，选择适当的施药方式。

（5）按照农药产品标签的规定使用农药，控制施药剂量（或浓度）、施药次数和安全间隔期。

（二）红色清单

（1）不得经营和使用公开发布的绿色农药推荐目录、NY/T 393—2020《绿色食品　农药使用准则》标准以外的农药。

（2）严禁使用未取得登记和没有生产许可证的农药以及无厂名、无药名、无说明的伪劣农药。

（3）禁止使用国家明令禁止的高毒、剧毒、高残留的农药及其混配农药品种。

（4）不得采用喷粉等风险较大的施药方式。

六、肥料施用

（一）绿色清单

（1）应根据不同地区气候特点、土壤条件、种植制度、作物营养需求、环境承载力以及环境质量要求等因素分析，确定合理的肥料种类、施肥数量和时间。

（2）提倡配方施肥，施用复合（混）肥料、缓效肥料。

（3）肥料使用应符合NY/T 496—2010《肥料合理使用准则　通则》的规定。

（4）所使用的肥料应对环境无不良影响，有利于保护生态环境，保持或提高土壤肥力及土壤生物活性。

（5）肥料种类的选取应以农家肥料、有机肥料、微生物肥料为主，化学肥料为辅。农家肥经充分腐熟达到有机肥卫生标准后可以在农业生产中使用。

（6）对较容易产生渗漏的土壤，应尽量减少使用容易产生径流、容易挥发的、环境风险较大的肥料。

（7）应根据实际采用根区撒施、沟施、穴施、淋水肥及叶面喷施等多种方式。

（8）应采用分次施肥。磷肥原则上一次性作基肥施用；氮肥应根据土壤地力和作物吸肥规律确定，基肥、追肥相结合；钾肥要因土因作物施用，对需求量大的作物要分次施用。

（9）应尽量在春季施用化肥，夏秋季（雨季）追加少量化肥，以减少化肥随径流的流失和排水引起的化肥渗漏。

（10）在饮用水水源地和污染负荷较大的地区应控制化肥的使用。

（二）红色清单

（1）不得经营和使用NY/T 394—2021《绿色食品　肥料使用准则》、NY/T 525—2021《有机肥料》标准以外的和标称具有农药或植物生长调节功能的肥料。

（2）禁止使用未经国家有关部门登记的化学肥料、生物肥料。

（3）禁止施用未经发酵腐熟、未达到无害化指标、重金属超标的人畜粪尿等有机肥料。禁止使用城市生活垃圾、工业垃圾及医院垃圾等作为肥料。

（4）禁止使用添加有稀土元素的肥料。

（5）禁止施用成分不明确的、含有安全隐患成分的肥料。

（6）禁止一次性大量施肥，以免造成严重的渗漏流失。

（7）不得在渗漏性较强的土壤上采用氮肥深施。

（8）无机氮素用量不得高于当季作物需求量的一半。

（9）不得在以下区域施用化肥：靠近饮用水水源保护区的土地；在石灰坑和溶岩洞上发育有薄层土壤的石灰岩地区；强淋溶土壤；易发生地表径流的地区；土壤侵蚀严重的地区；地下水位较高的地区。

七、采收

（一）绿色清单

（1）应在农药安全间隔期后适时采收。

（2）农药残留量要符合GB 2763—2021《食品安全国家标准　食品中农药最大残留限量》的规定。

（3）采收中所用工具要清洁、卫生、无污染。

（二）红色清单

在储藏期严禁使用剧毒、高毒、高残留、三致毒性的农药防治病虫害。

八、农田废弃物处置

（一）绿色清单

（1）应推广直接还田、保护性耕作、秸秆养畜、压块制粒、生物腐熟、秸秆气化、培育食用菌和制造工业原料等秸秆综合利用技术，有效减少秸秆焚烧。

（2）清洗药械的污水应选择安全地点妥善处理，装过农药的空瓶、袋等要集中处理。

（二）红色清单

（1）严禁农田废弃物（秸秆、尾菜、瓜菜藤蔓等）未按规定实施集中堆放和资源化利用。

（2）禁止在人口集中地区、机场周围、交通干线附近以及当地人民政府划定的区域露天焚烧秸秆。

（3）严禁农药包装废弃物、农膜未按规定进行回收处置。

（4）不得随地泼洒清洗药械的污水。

第三节　农业废弃物资源化利用

农业废弃物的绿色清单和红色清单包含了生态粮田的秸秆循环利用、生态果园的畜禽粪便综合利用、生态茶园的畜禽粪便综合利用、生态菜园的畜禽粪便综合利用、生态粮田的畜禽粪便综合利用、畜禽粪便无害化处理及综合利用、农膜回收利用和其他废弃物综合利用（尾菜、烂果、包装等）8个方面。

一、生态粮田的秸秆循环利用

（一）绿色清单

（1）鼓励农作物秸秆还田，对复种面积在3.33 hm^2（含）以下的散户开展秸秆机械化切碎翻耕还田的给予补助，由所辖村负责统一实施，按1 200元/hm^2标准补助给村（由市、镇或街道两级财政按1：1比例承担），主要作为村实施秸秆机械化翻耕还田的服务经费；对集中连片20 hm^2（含）以上的规模户开展稻麦秸秆全量还田且被认定为市级示范区的给予1万～5万元奖励。

（2）对本市秸秆利用主体与本市农作物生产主体签订农作物秸秆收购合同且收购量达1 000 t以上的，按实际收购量给予150元/t的补助，限额补助60万元；对收购本市农作物秸秆量达200 t（含）以上的本市籍经纪人，按实际收购量给予1万～5万元奖励。

（3）对秸秆综合利用实施主体新购置加装秸秆切碎抛撒装置和二次割刀的收割机械和秸秆捡拾打捆收集机具等设备的，在国家农机购置补贴的基础上，市财政给予补助，累加补贴至购机额的50%。

（4）大力培育秸秆规模利用主体，引导其与规模种植户（合作社）建立长期的产销合作关系，建立健全利益连接机制，构建以企业为主体、市场化运作的秸秆收集储运体系，实施好秸秆规模利用项目。

（5）充分发挥新闻媒体的舆论监督作用，通过村级广播、宣传栏、农民信箱、公众号和微信平台等多种形式，开展有关秸秆综合利用补助政策的宣传普及，广泛宣传焚烧秸秆的危害和秸秆综合利用的益处。

（6）针对秸秆焚烧易发季节，重点走访辖区内的种粮大户，并联系协调各行政村，正确引导教育农民群众转变观念，不断提高群众禁烧秸秆的法律意识和责任意识。

（7）结合共创共建活动，开展秸秆综合利用进课堂、进社区等活动，广泛宣传秸秆焚烧的危害性、秸秆综合利用等知识。

（8）鼓励各村镇充分发挥玉米秸秆资源丰富的条件，开展益生菌青贮饲料，大力发展家庭畜牧饲养业。

（9）充分利用政府下批的扶农款、环保经费等，提高对玉米秸秆综合利用的投入，在村镇利用大型秸秆粉碎设备，分别在田间就地粉碎秸秆，将粉碎后的秸秆立即翻到地下，充分发挥其肥田和改善土壤理化性能的效果或就近进行沤肥。

（10）鼓励将秸秆、稻糠等农林废物作为原材料，经过粉碎、混合、挤压、烘干等工艺，制成各种成型（如块状、颗粒状等）的，可直接燃烧的一种新型清洁燃料。

（11）鼓励开发以玉米秸秆为主料的食用菌栽培技术（适用于北方地区）。

（12）鼓励使用稻草代替木屑和棉籽壳或部分麦麸和豆粕作为食用菌的栽培料，谷秆两用水稻稻草可以代替传统的稻草栽培姬松茸菇和金福菇（适用于南方地区）。

（13）鼓励引进秸秆转化利用新技术，如秸秆发电、压板、压块等。

（14）利用秸秆养殖昆虫，进一步开发各种昆虫产品如黄粉虫的栽培等，通过工业化生产，可以提供大量优质的动物蛋白，促进水产养殖的发展。

（15）将秸秆、甘蔗渣等植物秸秆为原料通过粉碎后，加入适量无毒成型剂、耐水剂、黏合剂和填充料等，经搅拌捏合后成型制成可降解快餐餐具，可替代市面上一次性泡沫塑料餐具。

（二）红色清单

（1）严禁任何公民焚烧个人或他人田间、路边、地边、村边、渠边、坑边的农作物秸秆。禁止在一定交通设施区域内（机场15 km半径内；高速公路、铁路两侧2 km半径内；国道、省道1 km半径内）、高压输电线路附近和省辖市（地）级人民政府划定的区域（人口集中区、各级自然保护区和文物保护单位及其他人文遗址、林地、草场、油库、粮库、通信设施等周边地区）内焚烧秸秆。

（2）故意焚烧农作物秸秆，造成树木死伤的，由林业部门依据《中华人民共和国森林法》等法律法规的规定，依法处理。

（3）公民焚烧个人田间、路边、地边、村边、渠边、坑边的农作物秸秆，造成大气污染的，由环保部门依据《中华人民共和国大气污染防治法》《秸秆禁烧和综合利用管理办法》等法律法规进行处罚。

（4）故意焚烧他人农作物秸秆，造成财产损失的，由公安机关依据《中华人民共和国治安管理处罚法》第四十九条之规定，处五日以上十日以下拘留，可以并处五百元以下罚款；情节较重的，处十日以上十五日以下拘留，可以并处一千元以下罚款。

（5）故意焚烧农作物秸秆，造成人员伤亡或财产重大损失，由司法机关依据《中华人民共和国刑法》第一百一十五条规定，处三年以上七年以下有期徒刑；情节较轻的，处三年以下有期徒刑或拘役。

（6）对不听劝阻，故意焚烧农作物秸秆，阻碍国家机关工作人员依法执行职务的，由公安机关依据《中华人民共和国治安管理处罚法》第五十条之规定，处警告或二百元以下罚款，情节严重的，处五日以上十日以下拘留，可以并处五百元以下罚款。

二、生态果园的畜禽粪便综合利用

（一）绿色清单

（1）依托养殖业，围绕果树主导产业，将果树生产与畜禽养殖、沼气利用相互结合起来，开展“三沼”（沼气、沼渣、沼液）综合利用。

（2）收集畜禽粪便、农作物秸秆入池发酵，产生的沼气用于照明、取暖或做饭，沼渣、沼液作为优质有机肥料用于果树和牧草等果园间作物追肥、基肥，沼液作为叶面肥、农药，增加果树产量、防病治虫；牧草用来饲喂畜禽，畜禽粪污、果园废弃物再入池发酵。

（3）利用鹅粗纤维消化能力强、食草量大和采食多种草的特点，在果园中养鹅，可节约饲料投入和果园除草的成本；同时，鹅的粪便多，可回肥于果园，增加土壤肥力，适当减少化肥投入，防止因施用化肥过多而引起的果园土壤退化。

（4）果园—鸡共生的生态技术模式能够减少果园肥料的使用量，鸡采食草籽和嫩草能降低杂草的生长密度，同时鸡粪也是一种很好的农家肥，降低人工施肥的用量和成本。

（二）红色清单

无。

三、生态茶园的畜禽粪便综合利用

（一）绿色清单

（1）鼓励建立产业链接和废弃物生态利用双循环的模式，专业规模养殖湖羊，建设厌氧池，沼液通过茶园内喷滴灌设施得以资源化、有机化利用，湖羊、鸡等产生的畜禽粪便则通过粪便厌氧堆放池，将鸡粪、羊粪发酵后，直接作为肥源施用于茶园内茶树。

（2）增建沼气工程及“三沼”综合利用工程，增强茶园优质有机肥供应能力和废弃物生态化资源化利用能力。

（3）增设羊吃草、鸡吃虫、保护自然天敌等生态链条，利用生态链中羊吃草、鸡吃虫的食物链，在茶园中立体放养鸡、羊，达到绿色除草、除虫，鸡、羊排出的粪便是优质的有机肥料。

（4）茶园规模与养殖规模配套宜为1 hm^2茶园配套养殖3.85头猪。

（5）生猪养殖的排泄物用水冲洗入收集池，拌入生物菌，然后经过三级密闭厌氧发酵，废弃物需要3个月的充分发酵，肥液没有臭味，适宜施用于茶园。

（6）将鸡粪和玉米秸秆按照干重1：2放料，然后加入菜籽粕5%和过磷酸钙

1%，采用微生物好氧发酵技术进行堆制，将第一次发酵后的堆肥产物作为发酵原料，加入HM有机肥发酵菌种（由嗜热细菌、放线菌、米曲霉复合而成），肥料在距茶叶主干30 cm左右开沟深施。

（二）红色清单

无。

四、生态菜园的畜禽粪便综合利用

（一）绿色清单

（1）对于日光温室内的蔬菜废弃物，用粉碎机对蔬菜秸秆和生物降解地膜进行原位粉碎，灭掉蔬菜根茬，把备用的畜禽粪便均匀撒施在已粉碎的秸秆上，及时翻耕入土与土壤均匀混合，用微灌或者大水浇灌日光温室土壤，灌透耕作层，密闭日光温室所有通风口，保持日光温室内温湿度。腐熟12～16 d，蔬菜秸秆腐熟彻底变成生物有机肥。

（2）利用示范园艺场中的猪粪尿和部分蔬菜废弃物在沼气池中产生的沼气可以作为农场部分生活能源利用。冬季在大棚内安装沼气灯，既可为育雏加温，也可通过沼气在温室内燃烧为蔬菜提供二氧化碳，进而提高蔬菜产量和品质。

（3）沼液经酸化处理、固液分离主要作为茄果类蔬菜基质栽培的营养液或通过微灌技术作为绿叶蔬菜叶面营养液。

（4）沼渣可直接还田或作为好氧发酵的微生物菌源提高秸秆堆沤肥效。

（5）选择产气30 d以上的沼气池，从出料口提取浮渣层下面的第二层清液，通过叶面喷施、沟施和灌施处理方式对蔬菜进行防虫和防病。

（6）利用沼渣施肥改土，可将部分沼渣在蔬菜栽种前进行穴施和沟施增加肥效。

（7）在蔬菜需肥高峰期，提取沼液、沼渣的混合液搅匀，按每次每亩300～400 kg，结合浇水冲施。一般茎叶类蔬菜追施1～2次，茄果类蔬菜追施3～4次。

（二）红色清单

无。

五、生态粮田的畜禽粪便综合利用

（一）绿色清单

（1）如果养殖场采用农田利用方式来处理和利用畜禽粪便，则需要审查配套农田的面积、种植作物种类、农田地势、坡度及土壤类型等，以确定配套农田是否能够满足养殖场畜禽粪便的处理。如果养殖场配套农田面积无法将所有粪便还田利用，则必须要与其他拥有土地的农户或者企业签订粪便销售合同，确保养殖场粪污不会对周围的水体造成危害。

（2）将养殖粪便和污水混合储存后作为液体肥料进行农田利用，并开发与之配套的畜禽粪便综合养分计划软件、液体粪肥农田利用配套的运输系统以及多种农田施肥技术和专用设备。

（3）养殖场主根据周边配套农田面积情况选择全量农田利用或者液体就近利用。当养殖场周边农田面积较大时，畜禽粪污经氧化塘或沼气工程、堆肥等无害化处理后全部施用于周边农田。当周边农田面积不足时，往往经过固液分离后再固体、液体分质利用。固体粪污自行或委托第三方进行堆肥异地利用，液体粪污处理后就近就地利用。

（4）鼓励大型养殖场以大型沼气工程为核心，结合周边土地流转的方式，构建“畜禽养殖—生物工程—清洁能源—高效肥料—种植”有机衔接的种养结合“全产业链自循环模式”。

（5）针对养殖密集区中小散养殖场户，发展构建以村落为组织单位的“社会化服务-粪污利用合作社，全量还田施用模式”。中小养殖户产生的畜禽粪污通过管道自流或泵输送到密闭储存池发酵4～6个月。施肥季节，粪污利用合作社负责输送并按照作物需求全量施用还田，同时记录粪肥收集、输送和施用的记录台账。

（6）畜禽粪便农田利用需要根据农田作物的养分需求，充分考虑畜禽粪便养分供给量、土壤养分含量，结合周边一系列生态环境参数，进行科学管理。

（7）在养殖场和种植业基地配量建足粪水、沼液储存池。

（8）通过养殖场配足消纳土地、与周边种植基地对接、市场经营等多种方式确保粪肥利用有出路。

（二）红色清单

无。

六、畜禽粪便无害化处理及综合利用

（一）绿色清单

（1）新建、改建、扩建的畜禽养殖场应实现生产区、生活管理区的隔离，粪便污水处理设施和畜禽尸体焚烧炉应设在养殖场的生产区、生活管理区的常年主导风向的下风向或侧风向处。

（2）畜禽养殖废弃物的储存、运输器具提倡采取可靠的密闭、防泄漏等卫生、环保措施；临时储存畜禽养殖废弃物，应设置专用堆场，周边应设置围挡，具有可靠的防渗、防漏、防冲刷、防流失等功能。

（3）粪污收集遵循“固液分离、雨污分离”的原则，可采用干清粪工艺、水冲粪工艺或水泡粪工艺，以干清粪工艺为宜。收集后的粪污储存在专门的储存场所，采用干清粪工艺的养殖场，粪便与污水分别储存在堆粪场和污水池中；采用水泡粪工艺和水冲粪工艺的养殖场，粪污储存在储粪池中。

（4）固体粪便宜采用条垛式堆肥、槽式堆肥、强制通风堆肥等技术进行好氧发酵，通过人工机械翻堆或强制通风等措施，保持堆体有氧状态，发酵温度50 ℃以上持续时间不少于7 d，并符合NY/T 1168—2006《畜禽粪便无害化处理技术规范》的规定。

（5）采用沼气厌氧发酵进行粪污无害化处理的，应符合NY/T 1168—2006《畜禽粪便无害化处理技术规范》的规定。

（6）固体粪污经过发酵、高温灭菌等无害化工艺处理后，可用于畜禽床体垫料、养殖饲料、种植菌菇或生产生物质型煤。也可直接用于养殖蚯蚓、蝇蛆。

（7）污水可采用“厌氧+好氧+自然（物化）+消毒”的组合工艺，即厌氧发酵后的上清液，通过好氧发酵、自然生物处理、化学氧化或絮凝、膜工艺、消毒等进行深度处理。干清粪养殖场的污水可在固液分离后直接进行好氧和自然生物处理或好氧和物化方法处理等。

（8）粪污处理应根据当地气候条件而定。粪污储存设施应防雨、防渗、防溢流、抗腐蚀、抗冻；容积应满足冬季封冻期的粪污储存量。沼气生产采用UASB厌氧反应器，且冬季对反应器宜进行加热保温处理，以保证其正常运行。

（9）无害化处理后的畜禽粪便进行农田利用时，应结合当地环境容量和作物需求进行综合利用规划。

（10）利用无害化处理后的畜禽粪便生产商品化有机肥和有机-无机复混肥，须分别符合NY/T 525—2021《有机肥料》和GB/T 18877—2020《有机无机复混肥料》的规定。

（11）利用畜禽粪便制取其他生物质能源或进行其他类型的能源回收利用时，应避免二次污染。

（12）鼓励发展专业化集中式畜禽养殖废弃物无害化处理模式，实现畜禽养殖废弃物的社会化集中处理与规模化利用。鼓励畜禽养殖废弃物的能源化利用和肥料化利用。

（13）大型规模化畜禽养殖场和集中式畜禽养殖废弃物处理处置工厂宜采用“厌氧发酵—（发酵后固体物）好氧堆肥工艺”和“高温好氧堆肥工艺”回收沼气能源或生产高肥效、高附加值复合有机肥。

（14）中小型规模化畜禽养殖场（小区）宜采用相对集中的方式处理畜禽养殖废弃物。宜采用“高温好氧堆肥工艺”、“生物发酵工艺”生产有机肥或采用“厌氧发酵工艺”生产沼气，并做到产用平衡。

（15）厌氧发酵产生的沼气应进行收集，并根据利用途径进行脱水、脱硫、脱碳等净化处理。沼气宜作为燃料直接利用，达到一定规模的可发展瓶装燃气，有条件的应采取发电方式间接利用，并优先满足养殖场内及场区周边区域的用电需要，沼气产生量达到足够规模的，应优先采取热电联供方式进行沼气发电。

（16）厌氧发酵产生的底物宜采取压榨、过滤等方式进行固液分离，沼渣和沼液应进一步加工成复合有机肥进行利用；或按照种养结合要求，充分利用规模化畜禽养殖场（小区）周边的农田、山林、草场和果园，就地消纳沼液、沼渣。

（17）鼓励和支持对染疫畜禽、病死或者死因不明畜禽尸体进行集中无害化处理。病死禽畜尸体应及时处理，宜采用焚烧炉焚烧的方法，在养殖场比较集中的地区，应集中设置焚烧设施，同时焚烧产生的烟气应采取有效的净化措施，防止烟尘、一氧化碳、恶臭等对周围大气环境的污染。

（二）红色清单

（1）禁止在下列区域内建设畜禽养殖场：生活饮用水水源保护区、风景名胜区、自然保护区的核心区及缓冲区；城市和城镇居民区，包括文教科研区、医疗区、商业区、工业区、游览区等人口集中地区；县级人民政府依法划定的禁养区域；国家或地方法律、法规规定需特殊保护的其他区域。

（2）禁止在禁建区域附近或与禁建区域边界的小于500 m范围内新建、改建、扩建畜禽养殖场。

（3）在场区内外设置的污水收集输送系统禁止采取明沟布设。

（4）新建、改建、扩建的畜禽养殖场应严禁将粪便与尿、污水混合排出。

（5）严禁将储存设施的位置建立在距离各类功能地表水体小于400 m范围内。

（6）对于种养结合的养殖场，畜禽粪便储存设施的总容积严禁低于当地农林作物生产用肥的最大间隔时间内本养殖场所产生粪便的总量。

（7）通过车载或管道形式将处理（置）后的污水输送至农田，要加强管理，严禁污水输送沿途的弃、撒和跑、冒、滴。

（8）污水田间储存池的总容积严禁低于当地农林作物生产用肥的最大间隔时间内畜禽养殖场排放污水的总量。

（9）畜禽养殖废水中含有的重金属、抗生素和生长激素等环境污染物严禁超标排放，应符合GB 18596—2001《畜禽养殖业污染物排放标准》的规定。

（10）禁止未经处理的畜禽粪便直接施入农田，畜禽粪便必须经过无害化处理。

（11）粪肥用量严禁超过作物当年生长所需养分的需求量，应符合当地环境容量的要求。

（12）对高降雨区、坡地及沙质容易产生径流和渗透性较强的土壤，禁止或暂停使用粪肥，防止粪肥流失引起地表水或地下水污染。

（13）染疫畜禽以及染疫畜禽排泄物、染疫畜禽产品、病死或者死因不明的畜禽尸体等病害畜禽养殖废弃物，应当按照有关法律、法规和国务院农牧主管部门的规定，进行深埋、化制、焚烧等无害化处理，不得随意处置。

七、农膜回收利用

（一）绿色清单

（1）推广使用厚度大于0.01 mm、耐候期大于12个月且符合国家其他质量技术标准的农用地膜和厚度大于0.12 mm的农用棚膜。

（2）县级以上人民政府农业行政主管部门需开展的工作：开展农业生态环境保护的宣传教育；开展废旧农膜回收利用技术指导及相关技术的引进、试验、示范、推广服务；会同有关部门做好废旧农膜回收利用专项资金及其他补助资金的申报和使用管理；负责废旧农膜农业污染监测评价，组织开展农业污染区域的综合治理；负责废旧农膜回收利用工作的监督检查，依法对废旧农膜农业污染事故进行查处。

（3）积极扶持当地废旧塑料回收加工企业，应制定相关扶持政策，如减免税收、以旧换新、适当补贴等措施提高农民和企业回收加工利用的积极性，增加企业经济效益和农民收入。

（4）鼓励农用地膜和棚膜生产、销售、回收企业及其他组织和个人设立网点，回收废旧农膜。申请废旧农膜回收利用财政补贴的企业，应当与县（市、区）农业环境保护管理机构签订包片回收责任书，经考核验收达到责任书约定标准的，享受财政补贴。

（5）鼓励废旧农膜回收利用企业研究开发废旧农膜再生加工技术，减少废弃物排放量，防止对环境造成二次污染。

（6）加强废旧残膜回收机械研发和推广应用力度。农机部门和科研单位应加大研发力度，开发适应当地实际情况的回收机械，减少人工劳动强度，提高回收率。

（7）各类农业技术推广机构应当引导农业劳动者和农业生产经营组织科学使用农用地膜、棚膜，推广机械揭膜、拾膜等新技术。

（8）加大科研攻关力度，加快可降解地膜等新型产品的引进试验，逐步扩大试验范围，加快筛选成功的可降解地膜产品，推进新型地膜产品由试验研究走向示范推广。

（9）大力推广可降解地膜使用面积，加强可降解地膜研发力度。应加大研发力度，研究适用于不同地域小气候的可降解地膜的品种，做到精细应用范围，提高可降解地膜的使用效率，减少地膜污染。

（10）将回收的废旧地膜进行粉碎、清洗后，通过热融、挤出生产再生塑料颗粒，利用再生颗粒进行深加工，生产PE管材、塑料容器（如化粪池）、滴灌带等。

（11）将回收的废旧地膜直接粉碎，混合一定比例的矿渣加工生产下水井圈、井盖、城市绿化用树篦子等再生产品。

（12）回收的地膜可以作为再生塑料的原料，也可以进行燃料提取，或者进一步加工作为建筑材料。

（二）红色清单

（1）禁止生产、销售和使用厚度小于0.008 mm的农用地膜。

（2）生产、销售厚度小于0.008 mm的农用地膜的，由县（市、区）人民政府质量技术监督、工商行政管理部门责令其停止生产、销售，没收违法生产、销售的产品，并处违法生产、销售产品货值金额一至三倍的罚款。

（3）农业劳动者和农业生产经营组织应当及时捡拾其在农业生产过程中产生的废旧农膜，严禁随意弃置、掩埋或者焚烧。

（4）农业劳动者和农业生产经营组织使用厚度小于0.008 mm的农用地膜或者未捡拾其在农业生产过程中产生的废旧农膜的，由县（市、区）人民政府农业行政主管部门责令限期改正；逾期不改正的，不得享受农用地膜补贴。

（5）在农田或者其他农业用地随意弃置、掩埋或者焚烧废旧农膜的，由县（市、区）人民政府农业行政主管部门责令限期改正；逾期不改正造成农业环境污染的，处二百元以上二千元以下的罚款。

（6）对伪造台账、虚报数量、套取财政补贴资金的废旧农膜回收利用企业，由县（市、区）人民政府农业行政主管部门会同财政部门追回财政补贴资金，并处以所套取财政补贴资金额一至三倍的罚款；构成犯罪的，依法追究刑事责任。

八、其他废弃物综合利用（尾菜、烂果、包装等）

（一）绿色清单

（1）蔬菜废弃的果实、幼嫩枝杈、叶片粉碎浆汁化发酵制作生物液体有机肥。

（2）生物降解地膜配合蔬菜废弃物粉碎腐熟发酵还田回田肥料化。

（3）通过部分昆虫（例如尸食性的埋葬甲、皮蠹等，腐生性的如黑水虻、蝇蛆、蜣螂等）的取食行为，将尾菜、菌渣、秧蔓等有机废弃物分解，收获的昆虫蛋白可用作动物饲料，虫粪作为有机肥回归农田，进而实现废弃物的无害化和资源化处理。

（4）有机废弃物（秸秆、尾菜、菌渣、畜禽粪便等）通过蚯蚓过腹可以迅速分解，转化成为蚯蚓自身或者其他生物易于利用的营养物质，以蚓粪的形式排出。

（5）利用植物纤维性废弃物可生产人造轻质建材板、纤维板、纸板等建筑装饰和包装复合材料，如以石膏为基体材料，可生产出具有吸音、隔热透气、装饰等特性的植物纤维增强石膏板。

（6）利用稻壳作为生产白炭黑、碳化硅陶瓷、氮化硅陶瓷的原料；利用秸秆、稻壳经炭化后生产钢铁冶金行业金属液面的新型保温材料；利用甘蔗渣、玉米渣等制取膳食纤维产品；利用棉秆皮、棉铃壳等含有酚式羟基化学成分制成吸收重金属的聚合阳离子交换树脂。

（7）政府相关部门出台财政补贴政策，拨付专项资金对主动回收农业投入品包装物的农户进行奖励。

（8）建立农药经营单位的市场准入机制，从源头上保证废弃农药包装物回收处理。

（9）政府出台优惠政策，扶持废弃农药包装物回收企业或鼓励具备相关能力的农药企业开展回收工作。

（10）农业生产者回收农田中农药包装废弃物，到指定回收点以一定数量的农药包装废弃物置换洗衣粉或肥皂等日用品。回收点派专人对瓶、罐、袋和桶进行分类存放，由区级植保（植检站）定期统一集中，并视全区回收总量情况转运至具有危险废物经营资质的企业进行无害化销毁处理。农业生产者将回收的农药包装废弃物送至指定农药连锁配送店，每个农药包装废弃物按照固定价格计算置换金。

（二）红色清单

禁止随意丢弃农药包装物。

第四节　面源污染控制

面源污染的绿色清单和红色清单包含了对生态果园、生态茶园、生态菜园和生态粮田面源污染控制4个方面。

一、生态果园

（一）绿色清单

（1）鼓励用有机无机复混肥代替纯化肥，增施有机肥。

（2）鼓励和支持农业生产者使用低毒、低残留农药以及先进喷施技术。

（3）鼓励园内采用多年生草本、豆科固氮植物、蜜源植物组合覆盖种植方式，为果园土壤培肥、控制病虫草害、增加授粉昆虫、减少面源污染、提升果园景观以及增强果园生态功能。

（4）果园生草栽培的品种应有助于保持土壤水分。

（5）采取必要措施防治水土流失、土壤酸化及盐渍化。

（二）红色清单

（1）禁止使用国家明令禁止的农药。

（2）果园生产不得使用城市污水、污泥及其制成的肥料。

（3）严禁在生态廊道和生境斑块使用农药和化肥，除草时应选择低干扰的方式，并制定因地制宜的管理措施。

（4）土壤中污染物含量不得高于GB 15618—2018《土壤环境质量　农用地土壤污染风险管控标准（试行）》的风险筛选值。

二、生态茶园

（一）绿色清单

（1）鼓励生态茶园尽量杜绝使用化学农药和化学除草剂，即使使用，要在国家相关规定范围之内。

（2）鼓励合理应用有机绿肥，通过有机绿肥的施撒来控制化肥农药使用量，降低茶园出现水土流失的概率。

（3）废弃物经过3个月的充分发酵，肥液没有臭味后再施用于茶园。

（4）土壤内的有机质含量要求至少在1%以上，pH值4.5～6.0的红黄壤土为宜。

（5）鼓励综合应用有机肥料和化肥，减少化肥中的化学合成物对土壤的破坏，增加土壤的肥力，取代偏施化肥。

（6）鼓励在茶园四周的道路或水沟旁种植四季桂花、含笑等生态树种作为防护林。

（7）鼓励使用生物（如蚯蚓等）来改善土壤结构，提高土壤肥力。

（8）茶园应远离工业区、城镇、交通主干道，园区附近及上风口、河道上游无污染源，土壤理化性状良好，茶园环境条件应符合无公害食品产地的生态环境标准。

（9）茶园绿化覆盖度达到85%以上。

（10）建立设有隔离沟、纵沟、横沟、沉沙坑、蓄水池组成的排水、蓄水系统。

（二）红色清单

（1）禁止使用国家明令禁止的农药。

（2）禁止在茶园内喷施除草剂及放牧。

（3）禁止使用任何人工合成的肥料和增效剂，必须遵循生态茶生产施肥原则对各种有机肥进行无害化处理。

（4）禁止使用化学农药。

（5）禁止使用高毒、高残留的农药。

（6）禁止毁林种茶，超坡度开垦。

三、生态菜园

（一）绿色清单

（1）鼓励和支持农业生产者使用低毒、低残留农药以及先进喷施技术。

（2）鼓励有机无机复混肥代纯化肥、增施有机肥。

（3）鼓励和支持采取粪肥还田、制取沼气、制造有机肥等方法，对畜禽养殖废弃物进行综合利用。

（4）鼓励和支持农业生产者采用测土配方施肥技术、生物防治等病虫害绿色防控技术。

（5）鼓励、支持单位和个人回收农业投入品包装废弃物和农用薄膜。

（6）鼓励和支持农业生产者使用生物可降解农用薄膜。

（7）鼓励和支持农业生产者按照规定对酸性土壤等进行改良。

（二）红色清单

（1）禁止使用国家明令禁止的农药。

（2）有机菜园禁止使用任何化学合成的农药、化肥。

（3）禁止生产、销售和使用厚度小于0.008 mm的农用地膜。

四、生态粮田

（一）绿色清单

（1）施用农药、化肥等农业投入品及进行灌溉应当采取措施，防止重金属和其他有毒有害物质污染环境。

（2）使用农药应当符合国家有关农药安全使用的规定和标准。运输、存储农药和处置过期失效农药应当加强管理，防止造成水污染。

（3）鼓励和支持农业生产者使用低毒、低残留农药以及先进喷施技术。

（4）鼓励和支持农业生产者使用符合标准的有机肥、高效肥。

（5）处理后生成的沼液作为农田灌溉用水时，应符合GB 5084—2021《农田灌溉水质标准》的规定。剩余污水可继续参与厌氧发酵或直接排放，排放时应符合GB 18596—2001《畜禽养殖业污染物排放标准》的规定。

（6）鼓励农业生产者采取有利于防止土壤污染的种养结合、轮作休耕等农业耕作措施；支持采取土壤改良、土壤肥力提升等有利于土壤养护和培育的措施。

（7）鼓励和支持农业生产者采用测土配方施肥技术、生物防治等病虫害绿色防控技术。

（8）鼓励和支持农业生产者使用生物可降解农用薄膜。

（9）鼓励和支持农业生产者综合利用秸秆、移出高富集污染物秸秆。

（10）鼓励和支持农业生产者按照规定对酸性土壤等进行改良。

（11）鼓励、支持单位和个人回收农业投入品包装废弃物和农用薄膜。

（12）鼓励和支持采取种植和养殖相结合的方式消纳利用畜禽养殖废弃物，促进畜禽粪便、污水等废弃物就地就近利用。

（13）鼓励农民和农业生产经营组织科学种植和养殖，科学合理施用农药、化肥等农业投入品，科学处置农用薄膜、农作物秸秆等农业废弃物，防止农业面源污染。

（二）红色清单

（1）禁止使用国家明令禁止的农业投入品。

（2）禁止将不符合农用标准和环境保护标准的固体废物、废水施入农田。

（3）禁止在土壤中使用重金属含量超标的降阻产品。禁止向农用地排放重金属或者其他有毒有害物质含量超标的污水、污泥，以及可能造成土壤污染的清淤底泥、尾矿、矿渣等。

（4）严禁用城镇垃圾、污泥、工业废弃物生产肥料。

（5）禁止使用厚度小于0.008 mm的农用地膜。

（6）禁止占用基本农田发展林果业和挖塘养鱼。

（7）禁止破坏永久基本农田活动，禁止占用永久基本农田植树造林，禁止闲置、撂荒永久基本农田，禁止以设施农用地为名乱占永久基本农田。

第五节 生态乡村

生态乡村的绿色清单和红色清单包含了农村生活垃圾、农村生活污水、农村空气污染和农村景观建设4个方面。

一、农村生活垃圾

（一）绿色清单

（1）村庄生活垃圾宜就地分类回收利用，减少集中处理垃圾量。人口密度较高的区域，生活垃圾处理设施应在县域范围内统一规划建设，宜推行村庄收集、乡镇集中运输、县域内定点集中处理的方式，暂时不能纳入集中处理的垃圾，可选择就近简易填埋处理。垃圾堆肥用基本做到以下3点：有机物质含量≥40%；保证堆体内物料温度在55 ℃以上保持5～7 d；有机垃圾堆肥原则上应作为农用基肥，不作为追肥施用，可参照GB 4284—2018《农用污泥污染物控制标准》执行。

（2）可生物降解的有机垃圾单独收集后应就地处理，可结合粪便、污泥及秸秆等农业废弃物进行资源化处理，包括家庭堆肥处理、村庄堆肥处理和利用农村沼气工程厌氧消化处理。

（3）砖、瓦、石块、渣土等无机垃圾宜作为建筑材料进行回收利用；未能回收利用的砖、瓦、石块、渣土等无机垃圾可在土地整理时回填使用。

（二）红色清单

（1）农村生活垃圾不得随意丢弃，污染环境，应进行垃圾分类，统一进行处理。

（2）农村地区一般不适宜建设卫生填埋场，如有需要应依照GB 16889—2008《生活垃圾填埋场污染物控制标准》和相关标准的规定执行。

（3）污泥堆肥应采用静态堆肥，并设顶棚设施，不能露天堆肥。

二、农村生活污水

（一）绿色清单

（1）灰水可采用就地生态处理技术，净化后污水可以进行农田利用或回用，就地生态处理技术包括小型的人工湿地以及土地处理等。碎石、砂砾等级配填料的水力负荷一般为10 ~ 30 cm/d，可利用庭院和街道空地等作为小型生态处理技术的场地（灰水指除冲厕所以外的厨房用水、洗衣和洗浴用水等低浓度生活污水）。

（2）鼓励采用非水冲卫生厕所，选用如粪尿分集式厕所、双瓮漏斗式厕所。厕所建造可参照GB 19379—2012《农村户厕卫生规范》。粪尿液最终处理应与农业无害化利用相结合，粪便堆肥应符合农用标准GB 7959—2012《粪便无害化卫生要求》。

（3）采用水冲式厕所时，在有污水处理设施的农村应设化粪池；无污水处理设施的农村，污水处理可采用净化沼气池、三格化粪池等处理方式。三格化粪池厕所建设科参照GB 19379—2012《农村户厕卫生规范》。三格化粪池出水作为农业灌溉应满足GB 5084—2021《农田灌溉水质标准》的要求。

（4）村庄应根据自身条件，建设和完善排水收集系统，采用雨污分流或雨污合流方式排水。有条件且位于城镇污水处理厂服务范围内的村庄，应建设和完善污水收集系统，将污水纳入城镇污水处理厂集中处理；位于城镇污水处理厂服务范围外的村庄，应建设村级污水处理站。无条件的村庄，可采用分散式排水方式，结合现状排水，疏通整治排水沟渠，并应符合下列规定。

①雨水可就近排入水系或坑塘，不应出现雨水倒灌农民住宅和重要建筑物的现象。

②对于当地拥有废弃洼地、低坑及河道等自然条件的农村地区，宜采用人工湿地等污水处理设施，适合处理纯生活污水或雨污合流水，其占地面积较大，宜采用二级串联，并且需要经常清理排水沟渠，防止污水中有机物腐烂，影响村庄环境卫生。生活污水人工湿地应远离饮用水水源保护区，一般要求土壤质地为黏土或壤土，渗透性为慢或中等，土壤渗透率为0.025 ~ 0.350 cm/h，不能满足条

件的应有防渗措施。

③对于拥有可供利用的、渗透性能良好的砂质土壤和河滩等场地条件的农村地区，宜采用土地处理系统处理污水，如慢速渗滤、快速渗滤，地表漫流等处理技术。

④对于有湖、塘、洼地及闲置水面可供利用的农村地区，宜采用稳定塘技术。选择类型以常规处理塘为宜。稳定塘应采取必要的防渗处理，且与居民区之间设置卫生防护带。年平均温度高的地区采用高BOD_5表面负荷，年平均温度低的地区采用低BOD_5表面负荷。稳定塘地址宜选用饮用水水源下游；应妥善处理塘内污泥，污泥脱水宜采用污泥干化床自然风干；污泥作为农田肥料使用时，应符合GB 4284—2018《农用污泥污染物控制标准》中的相关规定。

（5）粪便污水、养殖业污水、工业废水不应污染地表水和地下水饮用水源及其他功能性水体。并应符合下列规定。

①粪便污水应经化粪池、沼气池等进行卫生处理或制作有机肥料，出水达到标准后引至村庄水系下游的低质水体或直接利用。

②养殖业污水宜单独收集入沼气池制作有机肥料，出水达到标准后引至水系下游的低质水体或直接利用。

③工业废水处理达到标准后，应排入村庄排水沟渠或村庄水系。

（6）对于发达型农村中几户或几十户相对集中、新建居住小区且没有集中收集管线及集中污水处理厂的情况，可采用小型污水处理装置，分为厌氧处理装置和好氧处理装置。

（7）在发达型农村，根据水量大小可考虑建设集中污水处理设施，工艺可采用活性污泥法、生物接触氧化法、生物膜法等，结合不同处理技术的特点设计相应的预处理和后处理工艺。生物接触氧化法的设计应符合HJ 574—2010《农村生活污染控制技术规范》和HJ 2009—2011《生物接触氧化法污水处理工程技术规范》及相关工艺类工程技术规范的规定。生物膜法的设计应符合HJ 2010—2011《膜生物法污水处理工程技术规范》及相关工艺类工程技术规范的规定。

（8）生物滤池的设计应符合HJ 2014—2012《生物滤池法污水处理工程技术规范》及相关工艺类工程技术规范的规定。生物滤池的平面形状宜采用圆形或矩形。填料应质坚、耐腐蚀、高强度、比表面积大、空隙率高，宜采用碎石、卵石、炉渣、焦炭等无机滤料。

（二）红色清单

（1）农村生活污水、粪便污水、养殖业污水、工业废水不得污染地表水和地下水饮用水源及其他功能性水体，排放标准参照GB 8978—1996《污水综合排放标准》和GB 18918—2002《城镇污水处理厂污染物排放标准》，用于灌溉应符合GB 5084—2021《农田灌溉水质标准》。

（2）沼气池的沼液沼渣不得直接排入水体。

（3）不得在饮用水源保护区建立人工湿地系统。观赏类湿地植物应当定期打捞和收割，不得随意丢弃掩埋，形成二次污染。

（4）不得在饮用水水源上游使用稳定塘技术。

（5）在集中供水水源防护带，含水层露头地区，裂隙性岩层和熔岩地区，不得使用土地处理系统。

（6）农村处理过的雨污水应考虑资源化利用，避免直接排入国家规定的功能区水体。

（7）农村生活污水经处理后水质不符合GB 18918—2002《城镇污水处理厂污染物排放标准》规定，不得直接排放。

（8）农村生活污水经处理后水质不符合GB 5084—2021《农田灌溉水质标准》规定，不得用于灌溉。

（9）农村生活污水经处理后水质不符合GB 11607—1989《渔业水质标准》规定，不得用于渔业。

（10）农村生活污水经处理后水质不符合GB/T 18921—2019《城市污水再生利用　景观环境用水水质》规定，不得用于景观环境的出水。

三、农村空气污染

（一）绿色清单

农村应推广使用清洁煤，推广使用高效低污染炉灶。发达和较发达行政村可采用气化、电气化等清洁能源或可再生能源代替燃煤，实行集中供气、供暖，取代分散炉具的使用。

（二）红色清单

（1）农村应逐步减少散煤和劣质煤的使用。

（2）不得对秸秆、垃圾等进行焚烧处理。

四、农村景观建设

（一）绿色清单

（1）乡村景观建设在一定程度上是对生态环境的修复与补充，与自然环境协调起来，要在科学规划景观的基础上，保护自然资源，保证生态系统不受到破坏，并借助村庄原生态环境，合理进行改造。顺应自然山水格局，保持山体、水系和自然地形地貌空间格局特征，保护和恢复原生生物群落和生态系统，延续地域文化景观特征，实现绿脉、文脉和景观格局的持续传承和发展。

（2）乡村景观规划设计需注重场所历史的反映和场所文脉的延续，通过象征性设计符号来体现乡村原本的景观形态，展示当地的农耕文化、乡土文化、民俗文化等，突出地域特色，提升景观价值。应保留重要文化路线和原有乡土、民俗和休闲用地，修复或再现文化遗产景观。

（3）乡村的植物景观应是一种生态性高、综合效益好、可持续发展的景观，具有因地制宜、适应性强、低成本、养护管理方便等特征。因此应充分利用乡土植物、材料或传统技艺修复地域景观，保护、延续并提升乡村景观；在保护和改善乡村生态环境的基础上，增加地域特色的植物美感。

（4）运用丰富的乡土植物组成植物群落，营造季节变化丰富的植被景观，提升乡村风貌的景观多样性。

（5）乡村道路生态景观设计应该符合地域特征、充分利用乡土植物；设计要充分体现出乡村的独特风情，营造生态环保型的景观道路；道路绿化建设工作应先保护后绿化，如保护地标树和乡土林；绿化应乔、灌、草结合，注意植物的合理搭配，维护物种多样性；有利于车辆安全通行，构建开阔的多样化景观道路；生态路面的设计重点在于路面结构层的透水和透气性，根据道路等级、车流量，合理确定道路硬化方法；避免田间道路没有硬化或是过多的硬化的两极化。

（6）乡村水体景观规划设计首先应遵从乡村的整体规划，坚持以人为本的原则，在保证安全的前提下，实现村民亲水活动的需要。在符合生态可持续发展的同时，水体景观要具有一定的景观性。此外，乡村水体景观设计要根据乡村地理条件和地域特征选择合适的设计风格，提升其社会价值和经济价值。

（7）村庄原有的地形地貌不仅是乡村景观空间的基本骨架，也是体现乡村景观整体风貌的自然基础。不同的地形设计可以形成多样的景观类型，乡村景观规划设计不是一味地去创造地形，而是要在尊重原地形的基础上，合理利用高差灵活设计起伏变化的地形，给人视觉上的变化，达到景观与地形相契合的美感。

（8）乡村景观规划设计中的雕塑小品、宣传栏、休息亭廊、休息座椅、照明灯、垃圾箱等配套设施的布局应合理有序，风格需与当地村庄特色相统一，体量不宜过大或过小，材料选择要着重体现乡土文化和生态文化，同时要满足各层次游客的需求，进一步提高乡村景观质量。

（9）在养护与管理方面，要建立长期管理机制。在一些经济条件相对较好的乡村，可考虑成立养护队，专门对绿植进行管理；经济条件较差的乡村可采取灵活的养护管理办法，尽可能使绿植得到有效管理。

（二）红色清单

（1）禁止破坏原有的文化遗产景观。

（2）禁止破坏当地的生态环境。

（3）尊重原有自然河道，尽量减少人为改造，保护自然水道。

第三部分

丹江口水源涵养区绿色高效农业科技协同攻关机制创新

第七章　项目组织管理与协同攻关机制

近年来，农业农村部环境保护科研监测所（简称：环保所）联合中国农业科学院农业资源与农业区划研究所（简称：资划所）、植物保护研究所（简称：植保所）、蔬菜花卉研究所（简称：蔬菜所）、饲料研究所（简称：饲料所）、茶叶研究所（简称：茶叶所）、麻类研究所（简称：麻类所）、郑州果树研究所（简称：郑果所），农业农村部南京农业机械化研究所（简称：农机化所）、沼气科学研究所（简称：沼科所），十堰市农业科学院（简称：十堰农科院），中国富硒产业研究院（简称：富硒院），安康市农业科学研究院（简称：安康农科院），石泉县农业技术推广站和十堰市郧阳区农业技术推广中心共15家科研和推广单位组成丹江口水源涵养区绿色高效农业创新集成技术协同攻关团队，积极推动丹江口水源涵养区农业绿色高质量发展。充分发挥中国农业科学院中央科研单位的创新研发优势、地市县科研推广单位服务产业优势，制定执行《项目协同创新运行管理办法》，建立咨询专家跟踪、用户参与评价、业绩考评管理、成果公示共享等管理组织实施制度，整体设计保证丹江口水源涵养区绿色高效农业创新集成技术的科学性与适用性，示范推广由十堰市和安康市农业农村局及下属单位逐一落实到县乡，保障和推动项目的实施。

一、发挥中央单位创新研发的引领作用

推进技术精准攻关。充分利用中国农业科学院各研究所科技和人才优势，从种植业和养殖业系统出发，精准定位丹江口水源涵养区农业绿色高质量发展过程中的制约因素、技术瓶颈与机制问题，围绕产业实际问题开展“全方位”“全环节”无缝对接，破除科研单位与推广单位各自封闭运行和科技成果供需信息不对称等障碍，使科研单位研发成果回归生产实际需求，做到攻关“自下而

上”“有的放矢”，切实提高科研单位科技成果转化率和产业应用效益。

推进资源共创共享。环保所、茶叶所、郑果所、植保所在安康市汉滨区、汉阴县、紫阳县和十堰市郧阳区、竹山县建立魔芋、猕猴桃、茶绿色高效生产技术研发基地。环保所、茶叶所、郑果所与十堰农科院、安康农科院在多个县开展了院地合作，联合共建农业科研基地和示范基地，在十堰市郧阳区、安康市汉滨区建立了专家大院，实施绿色高效农业技术培训与生产指导。环保所、郑果所还派出2名技术骨干专家挂职湖北省十堰市农业科学技术研究推广中心，实现人才资源流动共享，参与决策并有力推动丹江口水源涵养区农业绿色高效技术的落地、生根、结果。通过选育特色作物良种，配套绿色高效栽培、病虫害防控、田间管理，研制高效施肥器械，优化茶、桑产品加工工艺，构建种养循环新模式，促进了研发中心、试验基地等资源的整合利用和共享，打通了技术研发与应用推广之间的渠道，由原来生态农业“单兵作战”向科研院所、推广系统“集团作战”转变。

推进成果转化应用。丹江口水源涵养区绿色高效农业创新集成技术在湖北十堰、陕西安康共42家企业、合作社获得示范，引领相关企业及新型生产经营主体主动与科研所专家教授深度对接，形成“从生产中来，到生产中去”的高效验证模式，加速绿色高效适用科技成果转化应用。

二、发挥地方单位应用推广的主导作用

坚持需求导向，择优组建团队。围绕丹江口水源涵养区农业绿色高质量发展需求，基于“主要农产品全产业链绿色高效生产”导向，环保所牵头组织，靶向吸收部属（资划所、植保所、蔬菜所、茶叶所、麻类所、郑果所，农机化所、沼科所），地市属（十堰农科院、富硒院、安康农科院），县属（石泉县农业技术推广站、十堰市郧阳区农业技术推广中心）不同层级不同专业（育种、栽培、植保、土肥、农机、加工、农经）专家，组建上下贯通、左右衔接、优势互补、交叉融合的协同创新与应用推广团队。

坚持绿色引领，强化技术创新集成。中国农业科学院充分利用科技创新工程资金，通过协同创新任务集结中央院所、地方院所及推广系统，按照“整体、

协调、循环、再生”的原则，创新集成特色作物良种选育、绿色病虫害防控、固碳培肥、畜禽废弃物资源化利用、主要农产品全产业链绿色高效生产、农业面源污染防控等关键技术，形成了丹江口水源涵养区绿色高效农业创新集成技术模式，引导构建低碳、低耗、循环、高效的绿色发展方式。生产方式由拼资源向拼科技转变，技术应用由某一环节单项技术应用向全过程多技术集成应用转变，推广模式由“单兵作战”向“集团作战”转变。

坚持统筹推进，强化示范带动。按照“创新研发在中央、统筹协调在地市、集成示范在县乡、指导服务在村屯”思路，充分考虑各地资源禀赋、区域优势和发展水平差异，选取产业集中度高、示范作用强、带动效应明显的市（区、县）建设示范样板，核心示范区所在湖北十堰郧阳区、陕西安康石泉县分别入选第二批国家农业绿色发展先行区、陕西省美丽宜居示范村。

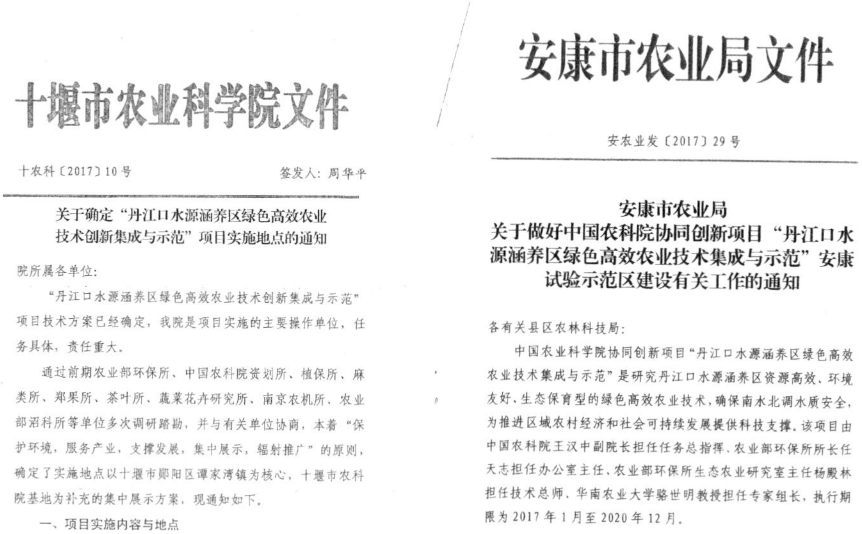

十堰市农业科学院文件

十农科〔2017〕10号　　签发人：周华平

关于确定“丹江口水源涵养区绿色高效农业技术创新集成与示范”项目实施地点的通知

院所属各单位：

“丹江口水源涵养区绿色高效农业技术创新集成与示范”项目技术方案已经确定，我院是项目实施的主要操作单位，任务具体，责任重大。

通过前期农业部环保所、中国农科院资划所、植保所、麻类所、郑果所、茶叶所、蔬菜花卉研究所、南京农机所、农业部沼科所等单位多次调研踏勘，并与有关单位协商，本着“保护环境，服务产业，支撑发展，集中展示，辐射推广”的原则，确定了实施地点以十堰市郧阳区谭家湾镇为核心，十堰市农科院基地为补充的集中展示方案，现通知如下。

一、项目实施内容与地点

（一）水源涵养区生物多样性利用及农田生态系统的构造

安康市农业局文件

安农业发〔2017〕29号

安康市农业局
关于做好中国农科院协同创新项目“丹江口水源涵养区绿色高效农业技术集成与示范”安康试验示范区建设有关工作的通知

各有关县区农林科技局：

中国农业科学院协同创新项目“丹江口水源涵养区绿色高效农业技术集成与示范”是研究丹江口水源涵养区资源高效、环境友好、生态保育型的绿色高效农业技术，确保南水北调水质安全，为推进区域农村经济和社会可持续发展提供科技支撑。该项目由中国农科院王汉中副院长担任任务总指挥、农业部环保所所长任天志担任办公室主任、农业部环保所生态农业研究室主任杨殿林担任技术总师、华南农业大学骆世明教授担任专家组长，执行期限为2017年1月至2020年12月。

-1-

图7-1　项目管理与运作制度

三、构建“多层级跨学科”的协同推广机制

通过中央单位引领和地方单位主导，实现不同层级、部门、专业的联动，推进丹江口水源涵养区农业绿色高质量发展的各部分、各环节、各要素协同。一是主体协同：搭建丹江口水源涵养区农业绿色高质量发展产学研融合平台，充分发挥各级各类主体作用，构建“多元协同、广泛参与”的创新集成与应用推广体系。积极探索了“党支部共建+业务互融互促”模式，发挥党组织引领带头、协调统筹等优势作用，释放思政建设的巨大效力。二是人才协同：基于专业互补原则，加强产业（种植、养殖），行业（农艺、农机），生产（栽培、加工）人才互联互通，合力解决“全过程”“全产业链”瓶颈技术和机制问题，组建优势互补、交叉交融的丹江口水源涵养区农业绿色高效创新技术集成与推广应用队伍。三是技术协同：坚持问题导向和产业发展目标定位，参考两弹一星工程设置“总指挥”与“技术总师”，促进技术创新集成与产业需求的有效对接，实现技术的先进性、经济性、操作性统一。四是上下协同：按照“创新研发在中央、统筹协调在地市、集成示范在县乡、指导服务在村屯”思路，一级引领一级，层层落实，联动开展工作。五是基地协同：坚持“一体化集成推进”，在一个基地做到全产业链融合，每个基地做到多技术集成，通过统一实施与管理，实现技术最大整合、最可借鉴、资源最大节约。

第八章　工作简报汇编

一、项目工作概括

以农田生物多样性复育与生态强化体系为核心，创制集成了主要农产品（猕猴桃、茶、桑）全产业链绿色高效生产体系，包括配套良种、栽培、管理、加工及设备等全产业链所需的产品、技术和设备，以及水源涵养区农业面源污染控制体系，包括污染源头阻控、中端拦截和末端治理技术，形成了丹江口水源涵养区农业绿色高效生产技术模式，充分发挥了农业的多功能性，为丹江口水源涵养区的食物安全、生态安全和水源安全提供了有力支撑。经过几年的联合攻关、协同推广，推动丹江口水源涵养区农业绿色高质量发展取得良好成效。丹江口水源涵养区农业绿色高效技术创新集成模式呈现“三增三减”的优势：即增产、增质、增价，减肥、减药、减污，产生了显著的经济、社会和生态效益。

（一）经济效益

2017年以来，丹江口水源涵养区农业绿色高效创新集成技术在湖北省十堰市和陕西省安康市共18个区（市、县）累计推广应用面积314.17万亩，涵盖玉米、油菜、蔬菜、茶、桑、柑橘和猕猴桃，种养循环模式累计推广应用规模（存栏猪当量）117万头，获得了较高的经济效益。

（二）社会效益

保障了食物安全。优化种养模式，配套绿色高效种植、农业废弃物资源化技术，克服了区域坡地多且贫瘠、规模养殖受制于环保的问题，充分发挥了非粮特色作物（油菜、蔬菜、水果、茶、桑）的生长优势，维持了畜禽养殖良性可持续发展，农产品实现无公害生产，供应了种类丰富、数量充足、品质优良的肉、油、菜、果，满足了消费者对农产品种类、数量和品质的需求。

保障了水源安全。园林覆草、固碳培肥、减肥减药、农业废弃物资源化技术，有效阻止了丹江口水源区的水土流失、氮磷淋溶和畜禽粪便污染，确保南水北调中线工程核心水源区一江清水永续北上，保障了河南、河北、北京、天津4省市沿线地区的20多座城市生活和生产用水安全。

提升了推广能力。通过产学研用协同合作、地市县乡三级联动，基层科研、推广人员积极参与丹江口水源涵养区农业绿色高效技术创新集成与应用推广。五年来，在多地生产现场、田间地头组织开展丹江口水源涵养区农业绿色高效生产模式培训、基层农技人员知识更新培训、专家大院培训等活动，同时充分利用线上优势发布上百项实用绿色高效农业技术，总结发布工作简报62期，累计培训5 000多人次，增强了农技人员和从业人员的绿色高效发展理念和业务素质，提升了推广服务能力。

服务企业与新型经营主体。丹江口水源涵养区绿色高效农业创新集成技术累计服务42家企业、合作社和家庭农场。相关企业及新型生产经营主体从起初的试一试，到主动与科研院所专家教授深度对接，寻求转型升级，所生产的优质魔芋、猕猴桃、茶、富硒猪肉等农产品成为当地农业绿色高质量发展的名片，推动了丹江口水源涵养区各地绿色高效农业技术应用推广。

带动了乡村振兴。魔芋、猕猴桃、茶、桑、养殖等特色高附加值种养业全产业链绿色高效生产，借助生态田园理念积极发展生态休闲农业，有效促进三产深度融合，增加了生产、运输、管理、销售等劳动力需求，显著提高从业人员的收入，百姓物质富裕、精神富足。

（三）生态效益

丹江口水源涵养区绿色高效农业技术创新集成及推广应用以农田生物多样性复育与生态强化体系为核心，创制集成了主要农产品（猕猴桃、茶、桑）全产业链绿色高效生产、水源涵养区农业面源污染控制体系，有力保障了农作物的安全生产，促进农业从传统集约生产模式向生态可持续转型升级，提升了耕地地力增加了生产潜力，维持了农业生物多样性，增强了生态系统稳定性及生态功能输出的有效性，减少化肥、农药、养殖废弃物的面源污染，实现了农业生产与生态环境的和谐统一，产生了显著的生态效益。

二、项目工作简报展示

自2017年项目实施至今，共发布工作简报62期，在此精简展示以便读者了解项目组织运行的细节。

第1期（发布于2017年2月15日）

单位：环保所

主题：“丹江口水源涵养区绿色高效农业技术集成与示范”项目考察暨技术交流会

为顺利推进和实施丹江口水源涵养区绿色高效农业技术集成与示范协同创新任务，进一步明确任务需求和任务目标，为区域农村经济社会发展提供强有力的技术支撑，各执行团队在任务牵头单位环保所副所长周其文、科研处处长王农、首席专家杨殿林研究员及院地合作联络员麻类所粟建光研究员带领下，于2月7—10日赴丹江口流域进行考察，考察组先后对湖北十堰圩坪河流域谭家湾、十堰农科院研究基地、陕西安康池河镇明星村、富硒院、安康阳晨现代农业科技有限公司等进行实地考察和实施方案研讨。2月8日，在十堰市组织召开了技术交流会。会上，各子任务团队负责人根据实地考察情况对任务内容和目标进行讨论，听取了任务区相关单位的情况介绍与技术需求阐述。会议要求，各团队要根据任务实施区域实际情况，在保证总任务目标完成的前提下，对实施方案进行细化。会议建议由十堰农科院负责列出技术需求问题清单，并提供相应背景材料，及时与各团队进行对接。

2月10日，在安康召开了技术交流会。石泉县池河镇明星村、安康阳晨现代农业科技有限公司、石泉县农业局等生产、管理与研究部门对安康市农业发展的技术需要进行阐述。各子任务团队根据自己的优势和总任务设计进行有效对接。会议建议由安康市富硒产品研发中心负责列出项目区技术需求清单，并提供相应背景材料，及时与各团队进行对接。

环保所周其文副所长对任务的实施提出了明确要求，要处理好当地生产实际问题与科学问题，关键技术突破与技术集成，已有工作基础和科技创新、典型研究与集中示范等关系；科研处王农处长对创新任务开展与管理提出要求，明确任务实施将建立动态管理、专家考核评议机制等。

首席专家杨殿林详细阐述了任务内容、整体目标及团队分工，要求各参与单位团队根据总体设计和总体任务目标，分解年度工作任务和目标，细化实施方案，按时提交任务牵头单位审核汇总，提交专家咨询组评议修改。

会议明确项目核心示范区以湖北省十堰市郧阳区谭家湾镇圩坪寺村、陕西省安康市石泉县池河镇明星村为主体，以十堰农科院研究基地、阳晨现代农业集团有限公司为补充。明确各团队要结合任务需求尽快研发形成技术模式，编制技术手册，加强技术培训，为当地农业绿色高效发展提供技术支撑。

在十堰和安康的二次会议讨论中，各团队反映在具体实施的过程中需要与当地多个有关单位合作，需要在经费使用上采取更加灵活的方式，建议中国农业科学院本着推进科技创新、加强院地合作，出台相应的管理办法。同时也建议中国农业科学院鼓励院内各研究所以推进协同创新任务为契机，推动创新经费、基本科研业务费等资金配置向协同任务倾斜。

图8-1　项目考察暨技术交流会

第2期（发布于2017年2月16日）

单位：环保所

主题：关于成立"丹江口水源涵养区绿色高效农业技术集成与示范"项目领导小组和专家组的通报

为加强对中国农业科学院科技创新工程协同创新任务的领导、管理和顺利实施，根据《中国农业科学院科技创新工程协同创新任务管理办法（试行）》的规定，成立项目领导小组和专家组，并下设办公室。

一、项目领导小组

总 指 挥：王汉中副院长

办公室主任：任天志

成　　员：农业农村部环境保护科研监测所

中国农业科学院农业资源与农业区划研究所

中国农业科学院植物保护研究所

中国农业科学院蔬菜花卉研究所

中国农业科学院饲料研究所

中国农业科学院茶叶研究所

中国农业科学院郑州果树研究所

农业部沼气科学研究所

农业部南京农业机械化研究所

中国农业科学麻类研究所

办公室常务副主任：王农（农业部环境保护科研监测所科研处处长）

二、项目专家组

组　　长：王汉中　任务总指挥

副 组 长：任天志　兼任务办公室主任

陈　阜（中国农业大学农学院）

骆世明（华南农业大学资源环境学院）

成　　员：杨林章（江苏省农业科学院）

赵　林（天津大学环境科学与工程学院）

石福臣（南开大学生命科学院）

刘宏斌（中国农业科学院农业资源与农业区划研究所）

张克强（农业部环境保护科研监测所）

郑向群（农业部环境保护科研监测所）

杨殿林（农业部环境保护科研监测所）
周华平（十堰市农业科学院）
李　珺（中国富硒产业研究院）
项目秘书：赵建宁、皇甫超河、谭炳昌（农业部环境保护科研监测所）。

第3期（发布于2017年4月21日）

单位：环保所

主题：“丹江口水源涵养区绿色高效农业技术创新集成与示范”任务专家论证会召开

4月21日，“丹江口水源涵养区绿色高效农业技术创新集成与示范”协同创新任务（以下简称任务）任务专家论证会在天津召开。

任务总指挥中国农业科学院副院长王汉中、中国农业科学院创新办主任文学、环保所所长任天志、党委书记张国良、任务技术总师杨殿林研究员、任务专家组成员华南农业大学副校长著名生态农业专家骆世明教授、中国农业大学陈阜教授、江苏省农业科学院杨林章研究员、南开大学石福臣教授、天津大学赵林教授、环保所乡村建设创新团队首席郑向群研究员、养殖业污染防治创新团队首席张克强研究员、各子任务负责人以及十堰农科院周华平院长与富硒院李珺主任出席会议。会议由环保所副所长周其文主持。

杨殿林研究员首先对任务总体目标、研究方案以及已经开展的工作做总体汇报。各子任务负责人也对各自任务具体的实施方案设计进行了汇报。专家组对总任务与各子任务的研究方案进行了逐一评点。专家组一致肯定方案总体设计的科学性，同时也对任务的实施方案提出具体的、有针对性的改进意见和建议。

王汉中总指挥在总结发言中指出，任务名称“丹江口水源涵养区绿色高效农业技术集成与示范”，补充题为“丹江口水源涵养区绿色高效农业技术创新集成与示范”更符合任务的实际。任务课题设置要明确农业种植结构调整优化、主要农产品全产业链绿色高效技术创新集成、种养循环新模式的研发，目的是确保南水北调中线水质安全、生态环境保护以及农民增产增收的协调发展。并要求十堰市与安康市关于任务协作研发及示范能够上升为当地政府的行为，不能只是承担单位的角度，加强地方人力和经费的配套，这样才更有利于成果的快速转化和推广应用，才更有利于为区域农业绿色高效发展服务。

张国良书记代表牵头单位，对任务的实施做出表态发言，表示将集全所之力组织好任务的协同攻关，与承担任务研究所和相关团队一道，认真落实中国农业科学院党组推进协同创新任务的各项要求。

图8-2　任务专家论证会

第4期（发布于2017年5月15日）

单位：环保所

主题：协同推动丹江口区域绿色高效农业发展

5月15日，中国农业科学院科技创新工程协同创新任务“丹江口水源涵养区绿色高效农业技术创新集成与示范”启动会在湖北省十堰市召开。中国农业科学院党组成员副院长王汉中、湖北省农业厅总农艺师邓干生、湖北省农业科学院巡视员熊建平、湖北省十堰市人民政府副市长王海丰、环保所所长任天志等领导和协同创新参与单位领导、专家约150人参加了启动会。会议由环保所副所长周其文主持。

启动会上，湖北省十堰市人民政府副市长王海丰、湖北省农业科学院巡视员熊建平、湖北省农业厅总农艺师邓干生等先后致辞，对任务启动会表示热烈祝贺。任务技术总师环保所研究员杨殿林汇报了协同创新任务的总体目标、实施方案，各子任务负责人与任务技术总师签订了任务合同书。环保所、麻类所、植保所、蔬菜所、郑果所、湖北省十堰市农业局、湖北省十堰市郧阳区人民政府、湖北省十堰市宏阳生态养殖有限公司等单位领导做了表态性发言。

任天志所长代表牵头单位发言时表示，环保所将进一步全力推进协同创新任务行动，进一步加强与兄弟单位的沟通协调，建立分工分层协调机制和任务实施动态监测机制，以高度的政治责任，勇于担当，落实好中国农业科学院党组推进协同创新任务的要求，切切实实为任务实施区域农业可持续发展服务，为农业绿色发展转型提供强有力的技术支撑。

王汉中副院长在讲话中指出，第一必须从讲政治、讲大局的高度，充分认识开展此项协同创新任务行动的重大意义。协同任务行动的实施有利于确保一江清水永续北上，确保京津冀地区的用水安全和经济社会的可持续发展，这也是落实中央脱贫攻坚任务的要求，通过丹江口水源涵养区绿色高效产业的发展带动区域农民脱贫致富。本任务通过水资源保护、生态环境保护与特色农业产业发展有机结合，是中国农业科学院农业科技创新任务的重点工作之一，在任务实施过程中要紧紧抓住“绿色、高效和可持续”这个关键。第二要充分明确总体任务目标，要凝结形成七大成果，形成一套水源涵养区全域综合性的技术解决方案，构建生态环境保护与脱贫攻坚有机结合的理论体系，为其他同类地区提供可复制可推广的经验与模式，形成与上述方案结合的先进、经济可行与实用的关键技术，产生与上述方案技术一致的可物化的高科技产品，构建系列集成示范样板，培训一批科技骨干，宣传推广一批先进典型；第三要加强组织落实，实现五个到位，即人员到位、创新链到位、协调到位、资金到位、管理到位。

该协同创新任务由环保所牵头，王汉中副院长任任务总指挥、环保所任天志所长任办公室主任，任务参与单位涉及中国农业科学院资化所、植保所、蔬菜所、环保所、农机化、沼科所、茶叶所、郑果所、麻类所、饲料所等单位团队共计138名科学家。十堰农科院、富硒院、湖北经济学院等单位参与协作。

该协同创新任务行动以问题为导向，建立以绿色高效种养耦合技术为先导、提升农业多功能性为核心、以污染物阻控和消减氮磷面源污染为重点，通过技术创新集成，构建水源涵养区绿色高效农业技术体系，建立区域绿色高效农业发展的长效机制，提升区域水源涵养功能、水质保护功能和优质农产品生产功能，促进区域绿色协调可持续发展。为水源涵养区农业转型升级提供理论指导和示范样板。

图8-3 项目启动会（湖北十堰）

第5期（发布于2017年8月20日）

单位： 环保所

主题： 院地群策群力 共同推进院协同创新任务“丹江口水源涵养区绿色高效农业技术创新集成与示范”研究

8月4—10日，中国农业科学院科技创新工程协同创新任务“丹江口水源涵养区绿色高效农业技术创新集成与示范”技术总师杨殿林研究员，任务一负责人赵建宁副研究员，任务四负责人刘新刚研究员，任务六负责人黄治平副研究员，任务七负责人皇甫超河副研究员，以及课题骨干专家王少丽副研究员、郭荣君副研究员、徐宝莹副研究员、谭炳昌助理研究员、丁健助理研究员、李青梅博士一行11人赴十堰市与安康市开展试验研究。

在十堰项目示范区，课题组对生物多样性利用与生态景观构建、柳陂土壤熟化试验、库区消落带、退耕还林还草、病虫草害绿色防控、规模化养殖和种养业产业结构调整与优化等试验示范进行深入细致的讨论，与十堰农科院院长周华平、总农艺师肖能武、张凡研究员等专家以及农业局领导和企业负责人进行了深入座谈。

图8-4　座谈交流与试验示范

在安康市示范区，课题组对富硒茶、魔芋和桑园高效生态立体种养，沼液利用，养蚕废弃物综合利用，以及生物多样性利用与生态景观构建、种植业结构优化调整等试验示范技术方案进行了深入的交流，并同富硒院唐德剑副主任、安康农科院副院长胡先岳、王朝阳博士、李夏助理农艺师、石泉县农业局专家、领导和相关企业负责人等进行座谈。

项目组在安康期间，参加了“中国农业科学院与中国富硒产业研究院科研创新工作会”，会上杨殿林研究员向与会领导与专家介绍了项目立项背景、主要研究内容与目标。项目总指挥王汉中副院长要求，项目要以全域、绿色、高效、可持续发展和持续脱贫为目标，进一步推进院地合作，确保人才和技术在安康“留得下、接得住、撑得起”，为安康产业精准扶贫和现代农业建设做出新的贡献。

本次活动院地群策群力，共同推进了协同创新任务的落实，取得了预期效果。

第6期（发布于2017年9月5日）

单位：茶叶所

主题：茶叶所茶树栽培创新团队积极推进项目研究与示范

8月29日—9月2日，中国农业科学院科技创新工程协同创新任务“丹江口水源涵养区绿色高效农业技术创新集成与示范”子任务二茶叶所栽培创新团队韩文炎研究员与颜鹏助理研究员等一行赴安康市进一步开展茶园生产情况调查、试验落实与进展研究。

在安康市示范区，根据课题任务要求，课题组就富硒茶提质增效、土壤固碳减排关键技术、茶园种养结合生态模式、茶树绿色高效栽培技术集成与示范等

汉水韵茶场

瀛湖茶场

图8-5　茶园绿色高效生产指导

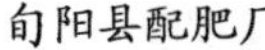
旬阳县配肥厂

安康农科院

京康茶场

紫阳县茶园

图8-5 （续）

试验示范技术方案，落实茶树专用肥的田间试验和示范推广的主要区域。并同富硒院唐德剑副主任，安康农科院院长张百忍、副所长胡先岳、刘永华主任、王朝阳副主任，紫阳县人大李龙安副主任、茶叶局邱红英局长等领导和专家，以及相关企业负责人等就相关试验方案及实施进行了深入交流。

课题组在安康期间，赴汉滨区汉水韵茶叶公司与王衍成董事长进行了深入交流，根据公司以扦插繁育“陕茶1号”无性系茶苗和生产名优茶为主的现状，分别落实了提高“陕茶1号”母本园插穗产量和名优绿茶产量的茶树绿色高效栽培技术集成与示范试验；在汉滨区瀛湖茶厂落实实施了茶园土壤培肥固碳技术研究与示范试验；在汉滨区新坝镇落实了茶园养羊、种草和促进茶树生长相结合的茶园种养结合生态模式研究与示范。另外，课题组赴旬阳县配方肥厂与其负责人就扩大茶树专用肥生产和推广，以及研发富硒肥料等进行了交流，力争通过技术物化的形式推动安康茶叶绿色高效可持续发展。此外，课题组深入安康市产茶大县紫阳县就茶树绿色高效栽培技术集成与示范与当地政府进行了深入交流，得到紫阳县人大和茶叶局的大力支持，紫阳县政府鉴于项目经费有限的情况，准备自筹资金推动建立试验研究与示范推广规模。

课题组本次活动受到富硒院、安康农科院、紫阳县政府及当地多家大规模茶企和肥料企业的大力支持，共同推进了协同创新任务的落实，取得了超乎预期的效果。

第7期（发布于2017年9月18日）

单位： 环保所

主题： 积极推进丹江口水源涵养区种养循环新模式研究与示范

9月14—17日，中国农业科学院科技创新工程协同任务“丹江口水源涵养区绿色高效农业技术创新集成与示范”子任务三“水源涵养区养殖业废弃物高效循环利用关键技术与设备研发”负责人、环保所养殖业污染防治创新团队首席助理杜连柱副研究员，带领项目骨干杜会英副研究员、翟中葳博士以及农机化所许斌星博士、金永奎博士等一行赴十堰市推进水源涵养区种养循环技术与装备的研究和示范工作。

在十堰市期间，课题组与十堰农科院院长周华平、肖能武总农艺师、王东歧所长，以及杨柳、罗春梅等专家就沼液灌溉蔬菜技术、设备和模式，养殖粪污尾菜肥料化技术和设备等进行了深入交流，进一步商讨、完善了相关试验方案；与郧县心怡蔬菜专业合作社、十堰宏阳生态养殖有限公司负责人分别就沼液蔬菜利用试验示范、粪污—尾菜肥料化试验示范等内容和要求进行了讲解和说明，得到了相关企业的大力支持；期间，完成了蔬菜大棚试验小区划分、防渗处理和管道布设等相关工作。

此次活动得到了十堰农科院各级领导、多位专家的鼎力配合，也得到了郧县心怡蔬菜专业合作社、规模化养殖企业的大力协助，共同推进了协同创新任务的落实，达到了预期效果。

图8-6　沼液沼肥利用试验示范

第8期（发布于2017年9月27日）

单位：沼科所

主题：积极推进水源涵养区分散式生活污染物控制技术研究

9月11—16日，中国农业科学院科技创新工程协同创新任务“丹江口水源涵养区绿色高效农业技术创新集成与示范”子任务五“水源涵养区分散式生活污染物控制技术研究”核心单位沼科所张敏研究员带领张国治副研究员、申禄坤助理研究员、魏珞宇助理研究员和葛一洪博士等项目组成员赴十堰市、安康市对水源涵养区农村生活垃圾的处理情况进行现场调研。

调研期间，团队成员在十堰市郧阳县谭家湾镇五道岭村和圩坪寺村、安康市石泉县池河镇明星村项目核心示范点进行了农村生活垃圾处理现状的入户调查，掌握了项目核心示范村生活垃圾收、储、运的基本情况，了解到示范点近150户农户对生活垃圾处理意愿和建议，并对部分农户的生活垃圾进行分类、称重，掌握了丹江口水源涵养区农村生活垃圾实际产生量的第一手数据资料。

课题组分别与十堰农科院院长周华平、肖能武总农艺师、周明所长以及富硒院唐德剑研究员、安康市农技推广中心都大俊主任就此次调研结果进行了汇报和交流，对项目示范村生活垃圾分散处理技术、设备和模式进行了深入探讨，并进一步细化和完善了项目实施方案。

此次调研得到了十堰农科院、富硒院各位领导和专家的鼎力配合，也得到了各项目示范村负责人和农户的大力协助，共同推进了协同创新任务的落实，达到了预期效果。

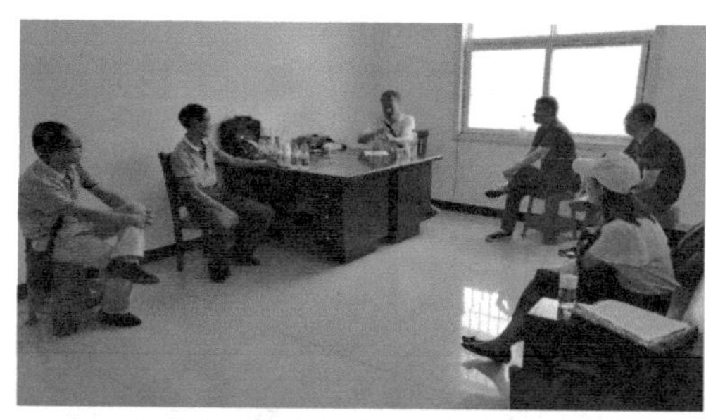

图8-7　农村生活垃圾调查及分类

第9期（发布于2017年10月22日）

单位：环保所

主题：积极推进水源涵养区农业生物多样性利用及农田生态景观构建技术

10月15—20日，中国农业科学院科技创新工程协同任务“丹江口水源涵养区绿色高效农业技术创新集成与示范”技术总师杨殿林研究员、子任务一“水源涵养区生物多样性利用及农田生态景观构建技术”负责人赵建宁副研究员、子任务七“丹江口水源涵养区绿色高效农业技术集成示范”负责人皇甫超河副研究员、项目骨干成员谭炳昌博士赴陕西安康与湖北十堰核心示范区开展试验研究。

在安康核心示范试验区，设计建设了4个功能区，集成创新了11项主推技术，形成包括桑园立体种养、魔芋低海拔高产栽培、农田景观、农业废弃物循环利用与植物隔离带等，并与当地特色“金蚕小镇”建设衔接，预期将建立集绿色、高效、循环、低碳多功能农业和美丽田园于一体的示范区。

课题组应邀参加了16日在安康举办的“中国（岚皋）富硒魔芋科技创新研讨会”，期间谭炳昌助理研究员做了《作物连作障碍与土壤消毒》技术培训，参加培训的人员约50人。

工作对接

现场勘察

方案讨论

工作落实

图8-8　生物多样性与种植结构优化实施方案对接

在十堰市核心示范区谭家湾流域，设计构建了5个功能区，集成创新了11项主推技术。包括种养循环、茶果园生草、农田景观构建、生态沟渠及人工湿地试验示范等。在十堰农科院柳陂试验区，黄棕壤母质熟化过程研究暨改土试验进展顺利。

试验示范工作得到了富硒院、安康农科院、十堰农科院领导和专家的积极配合，也得到了郧县心怡蔬菜专业合作社和十堰宏阳生态养殖有限公司的大力协助，推进协同创新任务的落实，达到预期效果。

第10期（发布于2017年10月30日）

单位：麻类所

主题：麻类所南方经济作物种质资源与利用团队积极推进项目研究与示范

10月21—22日，中国农业科学院科技创新工程协同创新任务“丹江口水源涵养区绿色高效农业技术创新集成与示范”子任务一“水源涵养区生物多样性利用及农田生态景观构建技术”骨干团队麻类所南方经济作物种质资源与利用团队首席粟建光研究员、骨干专家唐蜻副研究员、戴志刚副研究员、杨泽茂博士等一行6人赴湖北省十堰市进一步开展特色蔬菜—绿肥植物轮间作、饲用苎麻推广试验示范工作。

在十堰市期间，团队成员与十堰农科院院长周华平研究员、肖能武总农艺师、封海东书记、张凡所长，周明主任等专家就开展特色蔬菜—绿肥植物轮间作、饲用苎麻示范片建设等进行了深入细致的讨论，并进一步完善了相关试验方案。在十堰农科院科技示范园柳陂基地，对农田生物多样性利用的田间试验进行了调查，并落实了下阶段轮作试验任务；在郧县心怡蔬菜专业合作社，就黄秋葵和“帝王菜”的种植试验示范等工作进行了探讨，并对2018年的工作内容和要求进行了对接，与十堰市郧阳区壮硕养殖专业合作社就种养结合开展饲用苎麻养牛、山坡地护土保水等试验进行了深入探讨，进一步细化和完善了项目实施方案，提出了连片种植500～1 000亩饲料苎麻的方案，成为本项目的亮点之一。

此次调研得到了十堰农科院各位领导和专家的鼎力配合，也得到了各项目负责人和郧县心怡蔬菜专业合作社、养殖合作社的大力协助，共同推进了协同创新任务的落实，达到了预期效果。

项目座谈讨论

郧县心怡蔬菜专业合作社对接

柳陂基地试验调查

十堰市郧阳区壮硕养殖专业合作社落实项目

图8-9　麻类所考察指导与郧县心怡蔬菜专业合作社示范对接

第11期（发布于2017年11月24日）

单位：环保所

主题：“绿色高效现代生态农业技术培训及研讨会”在天津举办

11月17—19日，协同创新任务子任务一与子任务七组织的“绿色高效现代生态农业技术培训及研讨会”在天津举办。会议邀请协同创新任务专家组成员、江苏省农业科学院资源环境研究所杨林章研究员，子任务一负责人环保所赵建宁副研究员，天津市土壤肥料工作站站长郭云峰，江苏省农业科学院循环农业研究中心盛婧研究员，中国农业科学院棉花研究所张利娟博士，天津市蔬菜技术推广站李海燕推广研究员，天津农学院班立桐教授，天津市植保植检站李秀文推广研究员，天津市设施农业研究所副所长田淑芬，山东省农业科学院孙红炜研究员及天津巨禾世纪生物科技有限公司唐永栋等专家，分别就农业面源污染特征及控制技术、现代生态农业技术体系构建研究与示范、农田水肥一体化技术与应用、畜禽养殖污水理化性状与沼液安全利用、棉花害虫防治技术及应用、蔬菜生产技术、食用菌工厂化栽培与菌渣再利用技术、集约化农田高效绿色植保技术、葡萄优质高效栽培技术等绿色高效现代生态农业技术进行了讲授。来自湖北、江苏、山东、天津、内蒙古、辽宁等地的61家科研单位和高校，从事生态农业的科研、教学、工程技术、管理、技术推广以及新型农业经营实体农民等142人参加研讨和培训。

图8-10　技术培训与交流会合照

周其文 副所长　　杨林章 研究员　　赵建宁 副研究员

郭云峰 站长　　孙红炜 研究员　　张利娟 博士

盛靖 研究员　　班立桐 教授　　李秀文 推广研究员

唐勇栋 董事长　　田淑芬 副所长　　李海燕 推广研究员

图8-11　专家授课

环保所副所长周其文出席会议开幕式并讲话，他指出，当前中国农业发展面临着资源和环境趋紧的双重压力，资源禀赋不足和利用效能不高、环境污染日趋严重。大力推动农业可持续发展是实现“创新、协调、绿色、开发、共享”“五位一体”战略布局，建设美丽中国的必然选择，是落实党的十九大会议精神关于乡村振兴、绿色发展和美丽中国建设的一次具体行动。

协同创新任务技术总师杨殿林研究员做了总结发言。他说，党的十九大报告提出统筹山水林田湖草系统治理，需要我们加强农业生物多样性保护，创新集约化农田生态强化技术，加强农田生态系统管理体系建设，推动绿色高效现代生态农业的发展。

培训和研讨活动取得圆满成功，学员纷纷表示收获满满，并希望通过自身的实践为全国绿色农业发展探索路径、积累经验。

第12期（发布于2018年1月20日）

单位：环保所

主题：“丹江口水源涵养区绿色高效农业技术创新集成与示范”2017年工作总结会在津召开

1月15—17日，中国农业科学院科技创新工程协同创新任务“丹江口水源涵养区绿色高效农业技术创新集成与示范”2017年工作总结会在天津市召开。中国农业科学院科技局副局长文学、中国农业科学院科技局处长董照辉、环保所所长刘荣乐、环保所副所长周其文等领导以及协同创新参与单位领导、专家约70人参加了总结会。会议由环保所副所长周其文和任务技术总师杨殿林研究员共同主持。

会上7位课题负责人先后汇报了2017年工作总结与2018年工作计划。项目专家组专家华南农业大学骆世明教授、中国农业大学李隆教授、江苏省农业科学院杨林章研究员、南开大学石福臣教授与天津大学赵林教授分别对各子任务的工作进行点评并提出建议。来自十堰和安康2个项目核心示范区的代表也汇报了2017年的示范区工作进展与2018年工作计划。

文学局长指出，本协同创新任务组织得力，项目内容设计系统完整，并要求：①各单位各团队要以高度的政治责任感，继续抓实抓好项目管理和推进工作；②各单位各团队要紧紧围绕绿色高效这个主题，推进技术创新集成与示范；③各单位各团队要进一步突出重点，坚持问题为导向，面向产业需求，集中主要力量突破区域农业资源与环境的主要矛盾；④各单位各团队，要将协同创新任务与国家乡村振兴战略有机结合，延伸产业链，在体制和机制方面有所创新。

环保所所长刘荣乐指出，丹江口水源涵养区绿色高效农业技术创新集成与示范协同创新任务既关乎民生，也关乎生态。中国农业科学院10个专业研究所、14个创新团队、138名科研人员以及地方3个科研单位和2个推广单位共同努力下，2017年取得了显著进展；2018年要进一步细化实施方案，落实好年度工作任务和目标，完成好相关示范任务。

其他参加单位的7个团队代表也汇报了2017年工作总结与2018年工作计划。与会专家对总任务的实施提出了相关建议。最后，骆世明教授与李隆教授分别作了“促进生态农业的政策体制建设”和“间套作地下部作物种间相互作用提高生产力和高效利用养分研究进展”的报告。会后，组织十堰农科院和富硒院等单位的领导和专家考察了天津市宁河百利种苗有限公司和滨海新区汉沽永丰蔬菜种植合作社。

在任务各团队的共同努力下，本协同创新任务2017年总结会取得圆满成功。

总结会现场

技术总师杨殿林作总工作汇报

子任务一工作汇报

图8-12　项目2017年工作总结会

子任务二工作汇报

子任务三工作汇报

子任务四工作汇报

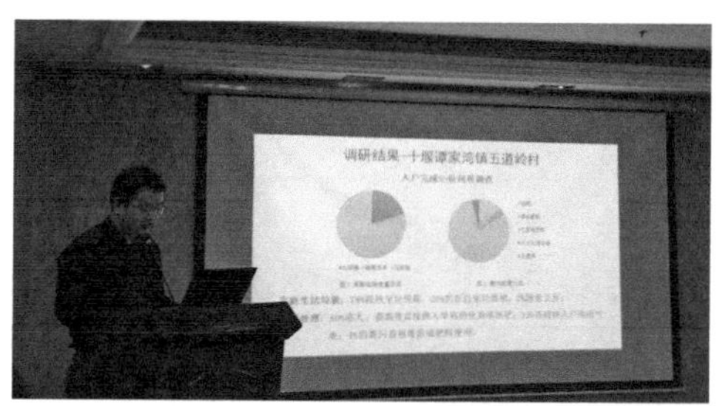

子任务五工作汇报

子任务六工作汇报

子任务七工作汇报

十堰市代表工作汇报

安康市代表工作汇报

图8-12　（续）

会后考察农业园区

图8-12 （续）

第13期（发布于2018年3月29日）

单位： 环保所

主题： 环保所推进项目区集约化果园和茶园生态强化技术试验示范

3月22—27日，“丹江口水源涵养区绿色高效农业技术创新集成与示范”任务”技术总师杨殿林研究员，子任务一技术骨干王慧副研究员、张海芳博士，子任务七负责人谭炳昌助理研究员和李青梅博士、林峰一行赴十堰市与安康市核心示范区开展试验示范工作。

在十堰市柳陂核心示范区和谭家湾核心示范区，课题组与十堰农科院分别开展了集约化果园和茶园生态强化技术试验示范，利用自然生境、半自然生境以及农田边界，构建由趋避植物、蜜源植物、具有经济价值和氮磷拦截功能的植物组合的生态廊道。探索了生态综合调控在果园和茶园生物多样性保护、面源污染防控以及化肥农药减施增效方面的应用。试验采用裂区设计，主区设置常规施肥与减量施肥处理；副区设置对照、2种花草组合、4种花草组合和8种花草组合混合覆盖处理；次副区设置覆盖作物收割后清除、收割后覆盖还田、收割后翻压还田3种覆盖作物管理方式。在郧县心怡蔬菜专业合作社，课题组开展了集约化设施农田田园综合体试验示范，已完成石榴，梨树，李树，樱桃，金橘、樱桃、碧桃等果树与多年生花草带相结合的生态廊道和生态景观构建以及相关监测试验布设。开展了库区新垦农田生土改造试验示范及监测，试验针对新垦农田土壤黏重、耕性差、土壤有机质与养分含量低等农业生产障碍因素，采用随机区组设计，设置河沙+化肥+绿肥、河沙+有机肥+绿肥、河沙+化肥+绿肥+石灰、河沙+化肥+绿肥+生物炭、河沙+化肥+绿肥+土壤改良剂+沼液等9个处理，5次重复，小区面积48 m^2（8 m×6 m），小区间设1 m缓冲带。在十堰农科院，技术总师杨殿林研究员做了“提升农业生态功能，促进农业转型升级，从单一性到多样化，现代生态农业技术体系构建研究与应用”的报告，十堰农科院（农技推广中心）100多名专业技术人员参加了交流。

图8-13　生态果园与茶园试验示范与技术培训

在安康市明星村核心示范区，课题组与安康农科院对示范区每个田块试验逐一安排落实，开展集约化桑园生态强化试验示范，包括构建“金蚕”和“桑叶”植被组合景观，利用生态廊道构建桑叶叶脉，设置桑菜间套作、沼液利用、桑园立体种养等不同功能区试验示范。在石泉县城关镇杨柳生态示范区，开展魔芋绿色高效种植、利用作物多样化提升稻田生态集约化试验示范。

本次试验示范工作得到十堰农科院周华平院长、肖能武总农艺师、张凡所长、王华玲和张小福，富硒院李珺主任、唐德剑副主任以及安康农科院张百忍院长、郭邦利高级农艺师、李瑜农艺师等领导和专家的大力配合，完成了预期工作任务。

第14期（发布于2018年4月2日）

单位：农机化所

主题：十堰农科院周华平院长一行到农机化所交流工作

4月2日十堰农科院周华平院长、潘亮副院长、肖能武总农艺师一行到农机化所交流工作，农机化所曹光乔副所长、科技处常春处长、陈永生主任及农机化所“丹江口水源涵养区绿色高效农业技术创新集成与示范”项目组人员参加了交流会。周华平院长此行来所主要有2个目的：一是针对中国农业科学院协同创新项目，讨论2018年的项目实施方案和任务分工；二是针对十堰市丘陵山地用农业机械缺乏的问题，希望农机化所能够提供相应的技术支持和解决方案。

交流会由陈永生主任主持，农机化所科技处常春处长和十堰农科院潘亮副院长首先分别介绍单位的基本情况、研究领域及相关成果。接着双方就协同创新项目2018年实施方案进行了沟通。农机化所协同创新项目组汇报了协同创新任务研究进展，并就沼液配比控制装置前期准备工作进行了对接。周华平院长就十堰特殊的地理环境提出农机技术需求，他表示十堰是典型的丘陵山地，田块小、坡度大、装备通过性差，目前主要靠人工进行田间作业，效率低、成本高、劳动力短缺。希望我所能够在茶、蔬、果、甘薯全程机械化，玉米秸秆处理装备，玉米单穗脱粒装备等方面提供相关的解决方案。农机化所参会人员分别就自身的研究领域给出自己的意见和部分解决方案。

会议最后由曹光乔副所长做总结发言，表示两家单位应以协同创新项目为平台，在协作完成项目任务的同时深入交流、相互协作、优势互补，争取更多的合作；另外农机化所将十堰农科院提出的问题列出清单，将给出全面详细的解决方案，以期能为十堰市农业发展提供技术支持。

图8-14　十堰农科院与农机化所研讨交流

第15期（发布于2018年4月22日）

单位：环保所

主题：项目2018年工作推进会与技术培训会

4月15—17日，“丹江口水源涵养区绿色高效农业技术培训暨协同创新任务2018年工作推进会”在陕西安康举行。项目技术总师杨殿林研究员，子任务一技术骨干张海芳博士，子任务二技术骨干郑果所钟云鹏助理研究员，子任务三负责人杜连柱副研究员和技术骨干杜会英博士、农机化所吴爱兵博士，子任务四技术骨干王少丽副研究员、茆振川副研究员，子任务五负责人陈晔圳高级工程师和吴凌彦，子任务六负责人黄治平副研究员和技术骨干丁健助理研究员，子任务七负责人谭炳昌助理研究员一行参加会议。

会议由富硒院李珺主任主持。技术总师杨殿林研究员做了“集约化农田生态强化技术体系构建研究与应用”的报告，并就任务进展、存在问题、下一步工作要求进行安排；安康市各对接单位分别对2017年的工作完成情况和2018年工作安排进行了汇报。安康市农业农村局副局长鲁延柱指出，中国农业科学院协同创新项目落户安康，为安康市生态富硒循环农业提供前所未有的发展机遇，各有关部门要抓住项目在安康建立核心示范区的机遇，落实专人负责，加强工作协调，整合资金投入，为安康示范区建设提供有利条件和保障，推动安康农业绿色高效发展。

培训会上，农机化所吴爱兵副研究员做了“节水灌溉技术及设备”、蔬菜所王少丽副研究员做了“设施蔬菜害虫发生与防治”、茆振川副研究员做了“蔬菜根结线虫病的发生与防控”、郑果所钟云鹏助理研究员做了“猕猴桃种植与发展现状”、环保所杜会英副研究员做了“畜禽养殖规模化发展”、谭炳昌助理研究员做了“强还原土壤灭菌防控作物土传病的应用”的报告。当地农业相关部门领导、农技人员，新型农业经营主体负责人和职业农民近100人参加了培训。

会后，各子课题组专家在当地领导和专家的陪同下前往安康市石泉县明星村核心示范区，试验示范按照项目实施方案逐一进行落实。在杨柳镇示范区，课题组成员与园区负责人进行了深入交流，并就推进示范区建设进行试验安排。

4月18—19日，课题组一行前往十堰郧西谭家湾项目核心区进行试验示范。深入调研了当地农村生活污水收集排放和处理措施，现场采集了水质分析样品，落实沼液在蔬菜种植上利用的试验示范，推进了果园生草与茶园生草试验示范。

工作推进会现场

培训会现场

图8-15　项目2018年工作推进会与技术培训会

安康明星村示范基地

十堰谭家湾示范基地

十堰农科院柳陂示范基地

图8-15 （续）

示范区建设得到富硒院李珺主任、唐德剑副主任以及安康农科院张百忍院长、郭邦利高级农艺师、李瑜农艺师，十堰农科院肖能武总农艺师、张凡所长等领导和专家的大力配合，完成了预期工作任务。

第16期（发布于2018年4月26日）

单位：沼科所

主题：沼科所张敏研究员一行到十堰和安康市开展水源涵养区分散式生活污染物控制技术试验示范

4月21—24日，中国农业科学院科技创新工程协同创新任务“丹江口水源涵养区绿色高效农业技术创新集成与示范”子任务五“水源涵养区分散式生活污染物控制技术研究”骨干成员单位沼科所科研处处长张敏、沼气工程研究中心副主任雷云辉和技术骨干葛一洪博士深入十堰市、安康市项目核心示范区开展试验示范。

在湖北省十堰市，与十堰农科院院长周华平，纪委书记封海东、总农艺师肖能武、科研管理科科长郭元平、中药材研究所所长周明等就2018年实施方案进行细致研讨和部署。一是安排今年下半年在五道岭村和圩坪寺村为村民开展生活垃圾分类培训宣传，并发放分类垃圾桶；二是在五道岭村蔬菜合作社装设20 m^3厌氧消化装置，处理五道岭村尾菜和有机生活垃圾，厌氧消化装置由合作社进行日常管理，厌氧消化后的沼渣沼肥供合作社蔬菜生产使用；三是在圩坪寺村收集有机生活垃圾经预处理后供村内有机肥厂做基质使用。并总结出一套农村生活垃圾无害化与资源化处理技术模式推广示范。

十堰农科院交流讨论

图8-16　沼科所推进试验示范

富硒院讨论交流

图8-16　（续）

课题组在十堰期间，还考察了东风（十堰）环保工程有限公司承担的十堰市餐厨垃圾回收处理工程，并针对沼渣和沼液的资源化利用问题进行了探讨，建议改变沼液达标排放处理，为生产有机液态肥供园林绿化施用。课题组还对十堰市餐厨垃圾回收处理的沼渣沼液综合利用展开试验研究。

在安康交流期间，在富硒院唐德剑副主任、安康市农技推广中心都大俊主任等参与了讨论交流，与安康学院合作，选50～100户村民进行垃圾分类培训宣传，发放分类垃圾桶，由当地有机肥厂负责收运村内生活垃圾分类示范户的有机生活垃圾，经预处理后作为有机肥厂的基质，同时进行相关参数测定和工艺研究，总结形成一套农村生活垃圾无害化与资源化处理技术模式推广示范。

第17期（发布于2018年5月1日）

单位：茶叶所

主题：茶叶所石元值研究员一行在丹江口水源涵养区开展茶叶栽培与生产技术培训

4月12—13日，为进一步提升示范区茶叶生产技术水平，帮助示范区茶叶增产增收，“丹江口水源涵养区绿色高效农业技术创新集成与示范”子任务二“水源涵养区农田绿色高效种植关键技术研究”骨干成员单位茶叶所石元值研究员、彭群华研究员在湖北省十堰市对示范区的茶叶生产技术举办栽培与加工专题讲座及现场培训。

技术培训由十堰农科院副院长、十堰市经济作物研究所所长潘亮主持。石元值研究员针对现代标准化茶园栽培管理，彭群华研究员针对春季绿茶和红茶加工工艺、茶叶品牌推广等进行系统培训与技术指导，并进行现场问题解答，并为茶企代表、茶农发放了《茶树主要病虫害防治手册》《茶园防灾减灾实用技术》《名优茶加工技术》等3类80余份生产技术资料。在谭家湾镇圩坪寺村核心示范区茶叶基地，专家团队调研了当地茶园管护、茶叶加工等情况，指导茶企茶农茶园春季管护、茶叶加工等，并现场指导茶农加工名优绿茶操作培训。参加培训人员认真记、细细听，不断提问，专家现场解答，有力提高了协同创新任务核心示范区茶园管理、茶叶加工水平。

十堰农科院科技人员张小福、黄进，郧阳区农业农村局茶叶管理部门负责人和科技人员，龙头企业和茶叶专业合作社负责人，茶叶生产技术骨干等70余人参加了培训。

图8-17　茶叶栽培与生产技术培训及现场指导

第18期（发布于2018年5月9日）

单位：茶叶所

主题：院地群策群力 共同推进中国农业科学院协同创新任务“丹江口水源涵养区绿色高效农业技术创新集成与示范研究”

5月3—8日，茶叶所杨亚军所长带领茶树育种、栽培、营养、植保和机械等方面专家团队到安康市各主要产茶区域进行茶叶生产情况调研和茶园管理指导。

5月4日，杨亚军所长一行首先到紫阳县了解茶产业发展状况和茶园生产管理中存在的问题，尤其是针对茶园劳动力短缺这一问题，组织各方面专家就茶园生产全程机械化管理进行了详细讨论，制订技术方案。5月5日，杨所长一行到白河了解茶业发展情况，并围绕当地在有机茶园生产管理中碰到的问题，组织专家和当地技术部门等人员进行研讨，制订了适宜白河县茶叶生产情况的有机茶园管理技术方案。

5月6—7日，中国农业科学院科技创新工程协同创新任务“丹江口水源涵养区绿色高效农业技术创新集成与示范”子任务二技术骨干，茶叶所颜鹏助理研究员又分别到项目实施点安康市汉滨区汉天垭农业开发有限责任公司调查“羊—草—茶”种养结合生态模式试验实施进展情况，并针对该茶园在幼龄期间的技术管理与茶园管理者和当地技术人员进行详细讨论。在安康市瀛湖茶业有限公司，详细调查了“茶园土壤培肥固碳关键技术研究”进展情况，并明确了后期的茶园调查指标。针对项目内容“茶树绿色高效栽培技术集成与示范”，分别到项目实施单位紫阳县和平茶业有限公司、科宏茶业有限公司和康硒天茗茶叶有限公司调查了解项目实施进展情况，并针对其茶园生产中面临的幼龄茶园修剪，水肥管理和病虫草害防控等技术问题进行有针对性的解答。

本次活动受到富硒院、安康农科院、紫阳县政府、白河县政府以及当地多家大规模茶企的大力支持。在此期间，富硒院李珺主任和唐德剑主任，安康农科院茶叶研究中心主任刘运华、王朝阳、紫阳县农业农村局邱红英等领导和专家积极参与讨论，给予了大力支持，积极推动试验研究与示范推广。

白河县茶场

紫阳县茶场

“羊—草—茶”模式

培肥固碳试验

汉天垭公司

康硒天茗茶业公司

图8-18　茶叶所指导茶园管理

第19期（发布于2018年6月5日）

单位：郑果所

主题：郑果所副所长方金豹和技术骨干孙雷明博士深入十堰市项目核心示范区开展试验示范工作

5月24—25日，中国农业科学院科技创新工程协同创新任务“丹江口水源涵养区绿色高效农业技术创新集成与示范”项目骨干成员单位郑果所副所长方金豹和技术骨干孙雷明博士深入湖北省十堰市项目核心示范区开展试验示范工作。

图8-19　郑果所猕猴桃建园现场指导与技术交流

在湖北省十堰市，方所长团队与十堰农科院副院长潘亮和十堰市经济作物研究所副所长彭家清、果茶研究室主任肖涛、副主任朱先波等就2018年实施方案进行详细研讨和安排。主要内容：①安排在郧阳区柳陂镇高岭村继续开展猕猴桃新品种选育、野生资源种质资源保存和管理、引进品种生物生态学监测等；②对新建猕猴桃园为达到早丰产、早结果、早受益的目的，建议采用大苗建园；③在柳陂基地猕猴桃园，肯定了采用覆盖作物多样性控制杂草，增加生物多样性，吸引蜜蜂增加传粉，提高坐果率和景观效果，建议可再丰富植物多样性，试验示范最佳果园管理对策；④决定在9月进行联合资源考察，进一步发掘武当山周边的野生猕猴桃种质资源，筛选高抗和优异资源，立足于本地资源，培育适宜在十堰市进行推广种植的猕猴桃新品种。

24日下午，方所长团队在十堰期间考察了张湾区西沟乡长坪塘村亭舟山合作社新建猕猴桃高标准示范园，对新建的高标准示范园表示赞赏，并提出了降低垄面的高度方便农事操作、合理控制株高及绑蔓、新梢整形、架面厚度控制等合理化建议；对旅游步道的边缘加防护网保护游客的安全，采用容器大苗建园，促进早上架、早结果，提早进入盛果期，总结形成一套大苗快速建园的技术方案。

25日上午，方所长团队冒雨对丹江口市六里坪镇孙家湾村猕猴桃基地进行了考察，肯定了孙家湾基地猕猴桃园采取的栽培管理措施，建议成年园注意通风透光、采取有效的栽培和管理措施，促进猕猴桃果实的健康生长和发育。

第20期（发布于2018年6月20日）

单位：环保所

主题：协同创新任务现场观摩会在湖北省十堰市召开

6月4日，由环保所主持的中国农业科学院科技创新工程“丹江口水源涵养区绿色高效农业技术创新集成与示范”协同创新任务现场观摩会在湖北省十堰市召开。中国农业科学院党组书记陈萌山出席并讲话，中国农业科学院副院长王汉中主持会议。

陈萌山充分肯定了协同创新任务启动实施一年来取得的积极进展。他指出，一年来中国农业科学院的10个专业研究所、14个创新团队、138名科研人员，按照习近平总书记“三个面向”“两个一流”的战略要求，带着对老区人民的深情厚谊，深入农业生产第一线，与地方3个科研单位和2个推广单位协同攻关、真抓实干，在湖北十堰和陕西安康核心示范区初步构建了水源涵养区绿色高效农业技术体系，取得了显著的阶段性成果，受到了广大新型农业经营主体和农户的欢迎，体现了国家队务实的作风和应有的担当。

陈萌山强调，丹江口协同创新任务是推动中国农业科学院科技扶贫、院地合作、创新驱动的重大科技任务，对保障南水北调中线水质安全和区域生态安全、脱贫攻坚，实现区域农业产业升级和高质量发展，全面建成小康社会具有重要意义。

陈萌山要求，要按照新型农业绿色发展思路推动地方特色农业产业，以发展优质特色农产品为主攻方向，充分发挥地方特色资源，打造新型现代生态农业。要将调整区域产业结构与绿色发展落到实处，与实施乡村振兴战略有机结合。要形成各方协调的工作机制与有效的落地办法，统筹区域“生产、生活、生态”，推进新时代农业绿色发展的转型升级。

协同创新任务技术总师、环保所杨殿林研究员汇报了总体进展，各子任务汇报了工作亮点。陈萌山、王汉中同与会代表一起实地考察了协同创新任务核心示范区的试验示范点，并与当地科研人员和农民进行了深入交谈。

环保所所长刘荣乐要求，各协作单位领导和专家要在会后，将会议要求和精神及时向本所领导及课题负责人汇报，请各团队各专家高度重视，认真领会和贯彻落实萌山书记和汉中副院长的讲话精神。一年来，各团队投入时间和精力还很不充分、不完全和不系统，甚至有的团队至今还没有很好的技术落地。请各团队按照核心示范区任务模块分工，认真完成核心示范区建设目标。各子任务要进一步加大考核力度，形成有记录、有考核、有明确目标、有实效的管理方法。要进一步对照任务书，要聚焦地方特色农业，安排好科学试验，加大技术集成创新和示范推广的力度。要进一步克服困难、紧密协作、扩大成果。环保所周其文副所长指出，各子任务要加快工作进度，凝聚任务目标，推动技术集成和技术示范，同时做好应用基础研究，讲好科学故事。

湖北省农业农村厅副巡视员欧阳书文、协同创新任务总顾问邓干生、湖北省农业科学院院长焦春海、十堰市委书记张维国、市长陈新武、副书记刘海军，以及中国农业科学院科技局长任天志、成果转化局局长王述民、科技局副局长文学和环保所所长刘荣乐、副所长周其文、科技处副处长周莉、各子任务负责人赵建宁副研究员、李虎副研究员、刘新刚研究员、陈咄圳高级工程师、黄治平副研究员与谭炳昌助理研究员等参加会议。参与协同创新任务的相关研究所以及十堰农科院和富硒院等单位的代表200余人参加了活动。

陈萌山书记考察

研讨交流会

陈萌山书记讲话

刘荣乐所长讲话

图8-20　项目现场观摩会

第21期（发布于2018年8月2日）

单位：沼科所

主题：沼科所张敏处长一行到十堰、安康项目示范区开展农村生活垃圾分类处理宣传培训活动

7月27—31日，中国农业科学院科技创新工程协同创新任务“丹江口水源涵养区绿色高效农业技术创新集成与示范”子任务五“水源涵养区分散式生活污染物控制技术研究”成员单位沼科所科研处处长张敏、项目组张国治研究员、申禄

坤高级工程师和葛一洪博士一行4人赴十堰、安康项目示范村对村民进行生活垃圾分类宣传培训，并对如何实施落实分类垃圾的处理方案与对接单位进行了深入的交流。

7月27—28日分别在十堰市郧阳区谭家湾镇五道岭村和圩坪寺村开展2次农村生活垃圾分类宣传培训活动，十堰农科院党委书记/院长周华平、副院长赵建宁、纪委书记封海东、总农艺师肖能武、科研管理科科长郭元平、中药材研究所所长周明等参加了宣传会。会上为在场的100余名村民做垃圾分类宣传动员和培训，提升了大家的环保意识和参与垃圾分类的自觉性，同时向2个村的村民分别发放50余份垃圾分类知识宣传单和50个生活垃圾分类收集装置。会后听取了2个示范村的干部对项目实施的期望和诉求，与项目相关对接负责人进行了下一步具体实施落地方案的讨论交流，并考察了生活垃圾分类资源化处理装置的安装地点。

7月30—31日在安康市石泉县明星村开展了生活垃圾分类处理宣传活动，安康市农业农村局副局长高武军、富硒院主任李珺、副主任唐德剑、安康学院旅游与资源环境学院副院长郭全忠等领导及明星村100余村民参加了宣传培训会，会上为参会村民发放垃圾分类处理宣传彩页100余份和生活垃圾分类收集装置100个。会后与项目相关对接负责人进行了下一步具体实施落地方案的座谈交流，听取了村干部和有机肥厂对项目实施的期望和诉求，并具体落实了垃圾分类收集后的实施方案。

宣传培训会上，针对垃圾分类实现资源化、无害化处理的重要性和必要性，十堰市、安康市农业农村局和镇的相关领导以及项目对口实施单位负责人都进行了表述，并表态积极配合环保所的研究任务安排，实施好项目。张敏处长结合项目实施进一步强调了建立垃圾分类处理创新模式和长效运行机制对水源涵养区保护、美丽乡村建设和实施乡村振兴战略的重大意义，葛一洪博士为参会村民就垃圾分类的好处及如何对生活垃圾进行分类处理做了的现场宣传培训。2个示范点最终均确定了实施方案，预计9月正式开展垃圾分类处理研究与示范工作。

此次赴十堰、安康开展生活垃圾分类处理宣传培训，得到了十堰农科院、富硒院各位领导的鼎力配合，共同推进了协同创新任务的落实，达到了预期效果。

十堰市五道岭村垃圾分类宣传会

座谈交流会

安康市明星村生活垃圾分类处理培训

座谈交流会

图8-21　示范区农村生活垃圾分类处理宣传培训

第22期（发布于2018年8月15日）

单位： 环保所

主题： “丹江口水源涵养区湿地保护及外来入侵生物防控技术培训与研讨会”在湖北省十堰市召开

8月13—14日，由环保所主办、湖北省农业科学院承办的“丹江口水源涵养区湿地保护与外来入侵生物防控技术培训及研讨会”在湖北省十堰市召开。十堰农科院党委书记、院长周华平出席并致辞，十堰农科院总农艺师肖能武主持培训和研讨会。

周华平介绍了湖北省外来入侵生物的主要种类和防控的现状，指出开展外来入侵生物防控技术研究，遏制入侵物种的传播蔓延，控制其危害是保证丹江口水源涵养区农业绿色可持续发展的重要保证。湖北省农业科学院首席科学家喻大昭、湖北省农业科学院植保土肥研究所研究员褚世海、环保所副研究员刘红梅、天津市蔬菜技术推广站研究员李海燕等4位专家分别就“现代农业的问题和农业综合体”“湖北省外来入侵生物现状与防控”“科学认识和利用转基因技术”“当前蔬菜生产技术问题及解决对策”做了专题报告，从美丽乡村建设、田园综合体、外来入侵生物防控、转基因生物安全、蔬菜生产技术，以及土壤改良等方面进行了认真的讲解和交流。

襄阳市农业科学院、十堰农科院、湖北省植物保护总站、湖北省耕地质量保护和肥料工作总站、湖北省农业生态环境保护站等多家单位的80多名技术干部参加了培训。此次培训对深入开展丹江口水源涵养区湿地保护以及外来入侵生物防控，保障丹江口水源涵养区生态安全和生物安全具有重要指导意义。

喻大昭研究员

褚世海研究员

图8-22　项目区生态安全技术培训会

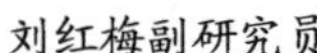
刘红梅副研究员

李海燕研究员

图8-22 （续）

第23期（发布于2018年9月10日）

单位：郑果所

主题：郑果所与十堰市经济作物研究所开展系列活动

8月28—29日，中国农业科学院科技创新工程协同创新任务成员单位郑果所副所长方金豹、技术骨干齐秀娟副研究员和钟云鹏助理研究员与来访的十堰市经济作物研究所潘亮副院长、果茶研究室主任肖涛、副主任朱先波等进行协同创新项目2018年年中交流总结，并安排部署下半年主要工作内容。

在河南郑州，双方猕猴桃科研团队进行坦诚交流，总结上半年科研工作，安排部署下半年主要任务，并就协同创新任务框架下对十堰市猕猴桃产业发展面临的主要问题进行交流：①十堰市猕猴桃产业发展的主栽品种及配套技术方案，包括果肉颜色（红、黄、绿）及不同类型品种（生产园和采摘园）的搭配等；②猕猴桃大苗培育及快速建园技术，实现种植户“早产早受益”，并就大苗培育关键技术方案进行讨论，结合十堰当地情况进行适当修改和完善；③借助郑果所的猕猴桃区域示范基地，就十堰市经济作物研究所培育的猕猴桃新品种‘汉美’的区域试验问题达成初步意见，拟定在河南南阳、贵州六盘水、河南郑州三地开展区域试验工作；④拟定在9月上旬开展丹江口库区武当山野生猕猴桃种质资源联合考察，立足十堰当地资源培育猕猴桃新品种。会后，潘亮副院长等一行参观了郑果所猕猴桃资源圃，并就猕猴桃快速建园、示范推广、高效栽培等进行了广泛交流。

9月3—7日，中国农业科学院科技创新工程协同创新任务成员单位郑果所猕猴桃资源与育种创新团队技术骨干钟云鹏助理研究员赴十堰市丹江口市开展野生猕猴桃种质资源考察。此次联合资源考察由十堰市经济作物研究所潘亮副院长带队，参加人员有果茶研究室主任肖涛、程均欢、刘涛、罗刚等。联合考察之前，潘亮副院长和肖涛主任广泛收集信息，对武当山地区野生猕猴桃种质资源的分布有了初步了解。在当地向导的指引下，考察队跋山涉水，不畏艰险，对武当山东麓、西麓和南麓野生猕猴桃种质资源进行考察，在保证安全的前提下尽可能多的收集武当山地区的特色野生猕猴桃种质资源。

郑果所猕猴桃资源圃

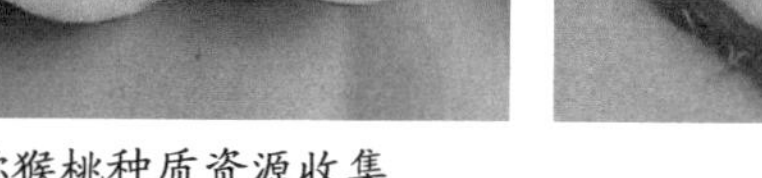

猕猴桃种质资源收集

图8-23　猕猴桃种质创新合作交流

猕猴桃种质资源调查

图8-23 （续）

此次联合资源考察共收集到猕猴桃属3个种共14份野生资源，包括中华猕猴桃、美味猕猴桃和软枣猕猴桃，14份资源中特色资源4份：红心中华猕猴桃资源1份、果肩部位呈红色的美味猕猴桃资源1份、红肉软枣猕猴桃资源1份、生长势较强的美味猕猴桃雄株资源1份。这些野生资源将分别保存于郑果所和十堰市经济作物研究所猕猴桃资源圃。立足于这些特色资源，有望筛选和培育出适宜十堰市乃至全国推广种植的猕猴桃新品种，促进十堰市猕猴桃产业的健康和持续发展。

第24期（发布于2018年10月24日）

单位：麻类所

主题：麻类所2个研究团队到十堰市积极推进协同创新项目工作

10月18—19日，中国农业科学院科技创新工程协同创新任务“丹江口水源涵养区绿色高效农业技术创新集成与示范”子任务一“水源涵养区生物多样性利用及农田生态景观构建技术”成员单位麻类所南方经济作物种质资源与利用团队骨干唐蜻副研究员、许英副研究员和南方饲料作物资源与利用团队骨干唐守伟研究员、王延周副研究员、周龙辉高级工程师等一行5人赴十堰市开展蔬菜、绿肥植物等轮间作、饲料作物（包括饲用苎麻、苜蓿等）种植情况调查、试验落实与示范工作。

在十堰市期间，团队5人与十堰农科院院长周华平、书记封海东高级农艺师、副院长吴平华、总农艺师肖能武、十堰市畜牧技术推广站副站长翁昌明、栽培所所长张凡等专家就开展蔬菜、绿肥植物等轮间作、秋葵等特色蔬菜种植示范、南方饲用作物（主要包括饲用苎麻、苜蓿等）种植推广等进行了深入细致的讨论和安排：①推动饲用苎麻纳入地方退耕还草还林补贴清单；②加快谭家湾饲用苎麻养牛工作，形成推广样板。

图8-24　项目区饲用苎麻种植及养殖示范

在十堰农科院科技示范园柳陂基地，副院长吴平华和所长张凡对今年轮作试验和饲用苎麻育苗工作进行了详细介绍，团队对利用双膜覆盖进行苎麻育苗表示赞赏；在郧县心怡蔬菜专业合作社，社负责人表示团队提供的红秋葵品种在当地市场大受欢迎，团队建议精选黄秋葵和红秋葵品种加强管理打出品牌，同时提出虽然黄秋葵和红秋葵种植管理十分相似，但是红秋葵结果期较长，需肥量较多，在施足基肥的基础上，还要多次追肥；与十堰市畜牧技术推广站副站长翁昌明一起和十堰市郧阳区壮硕养殖专业合作社负责人万总就种植饲用苎麻饲养肉牛进行了商讨，并落实种植20亩饲用苎麻的工作；在安阳湖生态农场与安阳湖生态农业有限公司副总常辉就山坡贫瘠地种植特色优异饲用作物种质解决长年供给饲料难的问题进行了探讨，并提出通过建设饲用苎麻园，筛选优异苜蓿种质提高产量，并结合种植籽粒苋、狼尾草等优异牧草品种的方案，同时建议利用小型履带收割机械进行牧草收获解决大型轮式收割机不经济、效率低的问题。

此次工作得到了十堰农科院各位领导和专家的鼎力配合，也得到了各项目示范负责人和郧县心怡蔬菜专业合作社、十堰市郧阳区壮硕养殖专业合作社、安阳湖生态农业有限公司的大力协助，共同推进了协同创新任务的顺利进行，达到了预期效果。

第25期（发布于2018年11月20日）

单位：环保所

主题：“丹江口水源涵养区绿色高效农业技术创新集成与示范”项目中期总结评估会在天津召开

11月15—16日，中国农业科学院科技创新工程协同创新任务“丹江口水源涵养区绿色高效农业技术创新集成与示范”项目中期总结评估会在天津召开。中国农业科学院科技局文学副局长、环保所刘荣乐所长、周其文副所长、科研处周莉处长等领导以及协同创新任务承担单位领导、专家共50余人参加了会议。会议由环保所周其文副所长和任务技术总师杨殿林研究员共同主持。

文学副局长强调，此次评估活动为了有效推动协同创新任务实施取得预期效果，各单位各团队要以高度的政治责任感，认真贯彻落实习近平总书记“三个面向”重要指示精神，主动对标区域资源环境问题，找差距，将协同创新任务与国家乡村振兴战略有机结合，坚持问题为导向，面向产业需求，集中主要力量突破区域农业资源与环境的主要矛盾，紧紧围绕绿色高效这个主题，推进技术创新集成与示范。要强化考核评估结果运用，调整优化任务内容与科研团队。

刘荣乐所长代表协同创新任务牵头单位讲话，环保所一贯高度重视中国农业科学院协同创新任务在解决国家农业重大问题中的核心作用。丹江口水源涵养区绿色高效农业技术创新集成与示范协同创新任务既关乎民生，也关乎生态，环保所将汇聚全所资源持续推进“丹江口水源涵养区绿色高效农业技术创新集成与示范”。

6位子任务负责人先后汇报了各子任务的中期总结与2019年工作计划。项目专家组专家天津大学赵林教授、南开大学石福臣和朱琳教授、天津师范大学多立安教授、天津市蔬菜技术推广站李海燕研究员分别对各个子任务进行评价打分并提出指导建议。来自十堰和安康2个项目核心示范区的代表也汇报了2017—2018两年来示范区工作进展与2019年工作计划。子任务参加单位7个团队代表也汇报了2017—2018两年来示范区工作进展与2019年工作计划。

最后，任务技术总师杨殿林研究员对任务实施两年来取得的主要进展、存在的问题进行总结，并要求协同创新各任务各团队要认真按照项目设计的技术路线、目标和任务，系统总结梳理两年的试验示范工作进展，安排好2019年的工作，推进区域绿色高效农业技术创新集成和示范，为区域农业可持续发展和扶贫攻坚提供有效技术支撑。

中国农业科学院科技局文学副局长讲话

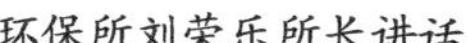

环保所刘荣乐所长讲话

考核专家组

图8-25　项目中期评估总结会

各子任务负责人及项目区单位代表汇报

各子任务负责人及项目区单位代表汇报

任务技术总师总结

图8-25 （续）

第26期（发布于2019年2月23日）

单位：环保所

主题：“丹江口水源涵养区绿色高效农业技术创新集成与示范”项目在天津召开2019年度工作对接交流推进会

2019年2月18—22日，中国农业科学院科技创新工程协同创新任务“丹江口水源涵养区绿色高效农业技术创新集成与示范”项目2019年度工作对接推进会在天津召开，为确保对接交流的实质效果，有效推进项目进展，任务牵头单位技术总师杨殿林研究员、子任务一负责人赵建宁副研究员、子任务七负责人张艳军副研究员与子任务承担单位及参加团队负责人和骨干专家采取一一对接的形式，对各单位团队承担的任务主要进展、存在问题认真梳理和剖析，并对2019年项目主要工作及其实施方案进行研讨和部署。

讨论研究确定，2019年度项目工作要按照2018年11月15—16日天津任务中期总结会和11月29日中国农业科学院协同创新任务中期评估会精神，以贯彻落实习总书记“三个面向”要求为指针，坚持任务导向，切实落实承担单位主体职责，持续优化实施方案，确保任务集成性、先进性、经济适用性、辐射带动作用，突出成果示范应用，确保各项考核指标完成。并依据协同创新任务书，综合各单位、团队的技术优势，经广泛交流与深入讨论，确定2019年各子任务重点工作任务。

子任务一：水源涵养区生物多样性利用及农田生态景观构建技术

（1）构建猕猴桃、茶、桑、魔芋、菜园等典型农田生态强化技术体系，包括作物轮间套作、立体种养、退耕还草、生态廊道、植物多样性（蜜源、绿肥）利用技术。制定标准园生态强化相关技术标准或规范。创制农田内、农田边界、非农斑块生态强化轻简技术。

（2）细化生物多样性相关监测指标，监测并评价技术的生态系统服务功能变化。监测桑园养鸡水土流失，提出适宜载畜量。

（3）兼顾区域产业发展和生态经济效益，开展区域试验示范和产业结构调整优化，如桑枝综合利用，延长产业链，苎麻饲料替代等技术推广应用。

（4）提出绿色高效可持续农业红色、绿色清单，编写区域农户生态农业操作指南。

（5）完成示范和生产推广应用任务。技术创新集成在核心示范区示范，增加技术集成和显示度，在生产中大面积推广应用。

（6）开展相关技术培训。

子任务二：水源涵养区农田绿色高效种植关键技术研究

（1）集成创新茶树、猕猴桃等主要作物绿色高产高效栽培技术，作物优良种质的引种选育以及加工，土壤培肥固碳关键技术，土壤硒的吸收累积规律及富硒农产品生产技术，农田面源污染治理技术等。制定标准园相关技术规范。

（2）持续监测丹江口水源涵养区农业面源污染过程和趋势，进行污染物溯源分析。

（3）完成示范和生产推广应用任务。在核心示范区示范，建设面源污染控制和治理示范工程及设施，增加技术创新集成度，在生产中大面积推广应用。

（4）开展技术培训。

子任务三：水源涵养区养殖业废弃物高效循环利用关键技术与设备研发

（1）研究区域农牧结合、种养耦合土地环境承载力；评估养殖废弃物源头减量潜力和效益；对比分析不同养殖圈舍、饲喂设备、清粪方式和储存方法等养殖废弃物减量和收集效率，集成构建废弃物减量化和高效收集体系，并示范应用。

（2）创新集成从源头饲料到末端粪水全过程污染物消减技术及产品，研发猪、蛋鸡低氮磷排放环保型饲料，筛选降解效率高适应性强抗生素降解菌和除臭微生物。

（3）创新集成有机肥和沼渣沼液农田高效施用技术、沼液结合尾菜发酵技术及装备，建立并优化区域绿色高效种养新模式。

（4）完成示范和生产推广应用任务。集成技术和设备、产品在核心示范区应用，增加技术创新集成度，在生产中大面积推广应用。制定标准园（场）相关技术规范。

（5）开展技术培训。

子任务四：水源涵养区生态型高效设施农业技术集成

（1）监测菜园、猕猴桃、茶、桑、魔芋等区域主要作物病虫害发生、为害及趋势，明确防控重点。

（2）创新集成主要作物病虫害绿色防控技术及其物化产品，集成简便高效、经济实用的全程绿色防控模式，制定标准园（场）绿色防控技术规范。

（3）编制区域绿色防控农药科学使用手册和主要作物病虫害绿色防控技术。

（4）完成示范和生产推广应用任务。集成优化设施蔬菜病虫害土壤消毒技术、化肥农药替代技术等技术和设备、产品在核心示范区应用，增加技术创新集成度，在生产中大面积推广应用。

（5）开展技术培训。

子任务五：水源涵养区分散式生活污染控制技术研究

（1）集成优化基于区域生活污染排放特征的生活垃圾分类与堆肥处理技术与设备，污水处理和人工湿地消纳技术与设备。

（2）制定自然村落（居民点）生活污染控制相关技术规范。建立农用废弃物（如农药瓶、废塑料等）回收处理办法与机制。

（3）完成示范和生产推广应用任务。集成生活污水处理示范工程与设备设施技术和设备、生活垃圾处理示范工程与设备设施在核心示范区应用，增加技术创新集成度，在生产中大面积推广应用。制定标准园相关技术规范。

（4）编制区域村落生活污水和生活垃圾处理技术手册和生活污染控制技术。

（5）开展技术培训。

子任务六：水源涵养区绿色高效农业系统评价体系与保障机制

（1）建立示范推广服务模式与运行管理机制，提出制约区域技术应用的主要因素与对策。提出政府、社会组织和市场（生产和销售）主体在区域绿色高效农业发展中的作用、有效方式及相关政策建议。

（2）建立绿色高效生态经济评价指标体系与评价方法，对各子任务主要技术实施效果和效益评价。

（3）基于技术实施区域生态系统服务功能变化，研究区域现行的农业补贴制度、问题及改进对策，提出区域农业生态补偿标准与机制建议。

（4）开展技术培训。

子任务七：水源涵养区绿色高效农业技术集成与示范

（1）各承担单位、各任务、各团队按照项目任务书要求，集中建设十堰和安康核心示范区，集成展示核心关键技术与模式。

（2）核心示范区监测数据，科学评估综合技术集成示范的效果。

与饲料所专家交流

与植保所、蔬菜所专家交流

与茶叶所专家交流

与环保所、农机化所专家交流

图8-26　项目2019年度工作对接交流

第27期（发布于2019年3月12日）

单位：郑果所

主题：郑果所与十堰市经济作物研究所部署2019年度工作计划推进项目实施

3月5—8日，受方金豹研究员委托，中国农业科学院科技创新工程协同创新任务成员单位郑果所猕猴桃资源与育种创新团队技术骨干钟云鹏助理研究员到访十堰市经济作物研究所，开展2019年度工作部署，考察和指导十堰市经济作物研究所猕猴桃示范基地建设。

在十堰市，钟云鹏助理研究员与十堰市经济作物研究所彭家清副所长、果茶研究室主任肖涛、副主任朱先波分别考察了柳陂和西沟猕猴桃试验基地，查看从郑果所引入的猕猴桃新品种的定植和生长情况，以及示范园建设、品种引进和猕猴桃种质资源保存等情况；到茅箭区大川镇唐家村和六里坪镇岳家川村考察和指导猕猴桃生产园建设，对园区道路规划、品种选择、苗木定制、栽培技术要点等进行指导。

西沟猕猴桃基地

柳陂猕猴桃基地

新品种引种定植

图8-27　郑果所推进猕猴桃标准园建设

基地考察结束后，双方经过充分交流和讨论，在协同创新任务框架下，安排部署2019年度工作计划，主要包括：①引进猕猴桃品种的适应性调查，为新品种申报积累基础资料；②开展猕猴桃果园生态强化技术体系构建与研究，与环保所团队共同实施行间花草带对果园传粉昆虫数量和种类、坐果率、果实性状的影响的研究；③加大猕猴桃示范基地的建设和绿色高效栽培技术在十堰市的推广；④对2019年新引进的猕猴桃品种进行适应性筛选；⑤继续开展丹江口库区武当山野生猕猴桃种质资源联合考察和收集；⑥开展‘武当1号’猕猴桃软腐病和‘汉美’猕猴桃蒂腐病的发病规律及防控试验，并向项目首席杨殿林研究员汇报了2019年度工作计划。

此次考察活动明确了2019年度工作重心，双方团队将围绕上述工作计划，加快实施进度，促进协同创新项目早日见效，为十堰市猕猴桃产业发展提供样板，促进当地猕猴桃标准化栽培水平和产业提质增效，同时也为秦巴山区的脱贫攻坚和乡村振兴战略的实施贡献力量。

第28期（发布于2019年3月18日）

单位：环保所

主题：“丹江口水源涵养区绿色高效农业技术创新集成与示范”2019年安康和十堰工作推进会召开

3月4—11日，项目技术总师杨殿林研究员、环保所赵建宁副研究员和章秋艳、农机化所吴爱兵副研究员、沼科所葛一洪高级工程师、饲料所刘国华研究员和郑爱娟副研究员、植保所郭荣君副研究员、茶叶所倪康副研究员、麻类所唐蜻副研究员、郑果所钟云鹏助理研究员等一行推进安康市和十堰项目试验示范区建设。

3月4—7日，项目组在安康阳晨现代农业科技有限公司、汉阴金硕现代农业有限公司、石泉县池河镇明星村核心示范区、石泉县杨柳示范园、安康农科院等企业、农民合作社、种养大户和试验基地，落实桑园生草覆盖、作物轮间套作、桑鸡共生、生态廊道构建、生态拦截、沼肥沼液高效循环利用、低氮磷饲料、尾菜饲料化、病虫害绿色防控、农村生活污染物处理等试验示范工作，并与各对接单位负责人进行深入交流。3月7日，“丹江口水源涵养区绿色高效农业技术创新集成与示范项目2019年安康工作推进会”在富硒院召开。会议由富硒院李珺主任主持。技术总师杨殿林研究员对照项目总体任务和目标，分析了项目实施两年来在构建协同创新机制、推动绿色高效农业发展等方面的主要工作进展及存在的问题，并对2019年主要任务做了安排部署；各子任务承担单位专家汇报了安康示范区的工作进展、存在的问题及2019年工作计划；各对接单位汇报了2018年的工作完成情况和2019年工作安排。安康市农业农村局李支荣副调研员要求相关县区、单位、镇村等单位与企业，珍惜机遇，加强合作，落实专职人员，协同配合，共同推进安康示范区建设。李珺主任要求，安康各对接单位和专家要以主人的态度、学习的态度和科学的态度进一步抓好项目实施工作。

3月7—11日，项目组在十堰郧西谭家湾项目核心区、十堰市月亮湖生态农业开发有限公司、十堰农科院柳陂基地、张湾区西沟猕猴桃基地、竹溪区泉溪镇综合农场、湖北龙王垭茶业有限公司、茅箭区大川镇锅厂村等企业、农民合作社和种养农户进一步推进作物轮间套作、土壤改良、多样性植物果园茶园生草、果菜茶减肥减药、低氮磷饲料开发、农田氮磷生态拦截、有机肥和沼渣沼液农田高效施用、尾菜发酵技术、人工湿地、科普长廊、技术推广等试验示范工作。在柳陂基地召开“丹江口水源涵养区绿色高效农业技术创新集成与示范”项目2019年十堰工作推进会。会上杨殿林研究员围绕项目实施方案分析了两年来十堰示范区取得的进展、存在的问题并提出了下一步工作安排；各子任务承担单位专家汇报了两年来在十堰示范区的工作进展、存在的问题及2019年工作安排；各对接单位分别汇报了2018年工作完成情况和2019年工作安排。十堰农科院周华平院长指出，各对接单位要理清思路，做好试验计划，务实推进示范区建设工作，保质保量完成试验示范任务。

安康阳晨现代农业科技有限公司果园多样性生草覆盖示范

明星村桑海多功能农田示范区

图8-28　项目2019年现场工作推进会

安康农科院魔芋试验基地

安康农科院示范交流

2019年安康工作推进会

谭家湾示范区

柳陂基地土壤改良示范

西沟猕猴桃基地示范

图8-28 （续）

湖北龙王垭茶业有限公司茶基地示范　　2019年十堰工作推进会

图8-28　（续）

此次试验示范和现场推进会得到了富硒院李珺主任，安康农科院张百忍院长、郭邦利高级农艺师、李瑜农艺师，十堰农科院周华平院长、肖能武总农艺师、彭家清副所长等领导和专家的大力配合，圆满完成了预期工作任务。

第29期（发布于2019年4月1日）

单位： 环保所

主题： 环保所在丹江口水源涵养区开展生态果园试验示范

3月28—31日，中国农业科学院科技协同创新任务“丹江口水源涵养区绿色高效农业技术创新集成与示范”子任务一技术骨干王慧副研究员、李青梅博士和章秋艳，子任务七负责人张艳军副研究员、张海芳助理研究员等一行赴十堰开展生态果园试验示范。

随着农业产业结构调整步伐的加快，丹江口水源涵养区大面积单一性果园快速涌现，许多果园自然调控功能遭受破坏，抵御病虫害能力降低，果品品质受到影响，化肥农药施用过多造成的农业面源污染和果品“农残”问题愈演愈烈。建设生态果园，保护生物多样性，防治农业面源污染成为推动区域农业可持续发展的重要任务。

在十堰农科院柳陂和西沟猕猴桃基地，在2018年试验示范基础上，增加了覆草植被种类、配比试验，系统研究生草覆盖提升果园土壤肥力、调节土壤微生物群落及地上节肢动物多样性的作用及机制，评估多样性植物覆草对促进猕猴桃植株生长和产果及控制果园病虫草害的效果，总结形成适宜区域猕猴桃园的生态种植模式和技术规程并进行推广应用，为丹江口水源涵养区果园绿色高效可持续发展提供技术支撑。

此次试验示范得到了十堰农科院周华平院长、肖能武总农艺师、十堰市经济作物研究所王东岐所长、王华玲副研究员等领导和专家的大力配合，圆满完成了试验示范任务。

西沟基地　　柳陂基地

图8-29　环保所生态果园试验示范

第30期（发布于2019年4月15日）

单位：环保所

主题：环保所在安康开展魔芋多样性间套作缓解魔芋土壤连作障碍试验

4月10—14日，中国农业科学院科技创新工程协同创新任务“丹江口水源涵养区绿色高效农业技术创新集成与示范”子任务七负责人张艳军副研究员带领研究生在安康开展魔芋多样化间套作缓解魔芋土壤连作障碍试验。

随着国家乡村振兴战略和脱贫攻坚的不断推进，秦巴山区在保障丹江口水源的同时要实现整体脱贫致富任务艰巨。魔芋是秦巴山区的优势和特色产业，经济效益和增收效果明显。然而，魔芋病害连作障碍严重，抗病良种有限，病害化学防治、生物制剂防治成本高、效果差，严重制约魔芋产业发展。构建魔芋多样化种植模式，提高魔芋抵御病害的能力，保障魔芋产业壮大成为秦巴山区农业可持续发展和增加农业人口经济收入的重要任务。

在安康市石泉县官田村魔芋种植基地，通过不同抗病性魔芋品种多样化布局，探讨增强魔芋抵御病害的途径及科学机制。在安康农科院试验基地魔芋种植垄面上覆盖不同种类的低矮植被，系统研究植被多样性覆盖对降低土壤地表温度、增加土壤肥力、调节土壤微生物群落、抵御魔芋病害及促进魔芋块茎形成的效果及机制。据此，总结形成适宜秦巴山区魔芋绿色高效种植模式和技术规程并进行推广应用，为丹江口水源涵养区魔芋产业的健康发展保驾护航。

试验得到安康农科院院长张百忍、魔芋研究中心主任高级农艺师郭邦利、农艺师段龙飞、陈国爱、蔡阳光、覃剑锋、技师王宗方等领导和专家的大力支持配合，圆满完成了试验任务。

石泉县魔芋育种基地

安康农科院试验基地

样地土壤本底取样

魔芋开沟覆土起垄

图8-30　环保所魔芋软腐病生态调控试验示范

第31期（发布于2019年4月19日）

单位：茶叶所

主题：茶叶所阮建云副所长在十堰核心项目区指导茶叶试验示范工作

为加快协同创新任务实施进度，保障各项技术示范落地，4月18日，茶叶所副所长阮建云、湖北省农业科学院果茶研究所副所长龚自明、十堰农科院副院长潘亮、十堰市茶叶技术人员一行，在郧阳区农业农村局、林业局相关领导和专家的陪同下，在湖北十堰核心试验区开展试验和技术指导。

在十堰市陈氏茶叶有限公司加工车间，专家组详细了解了茶叶加工工艺和技术，对红茶和绿茶加工环节存在的问题，提出了相应的改进方法。企业主和技术人员表示将进一步加大技术培训，提升产品竞争力，带动一方百姓脱贫增收。

商讨茶叶加工工艺

查看审评茶叶样品

指导茶叶加工

实地察看幼龄茶园管理

图8-31　茶叶所指导茶树栽培及茶叶加工

在谭家湾幼龄茶园试验基地，专家组对试验进行了系统的安排。阮建云副所长针对茶树春季干旱少雨叶片下垂现象，提出了加强茶园管理，尤其是茶树修剪、茶园灌溉等技术管理措施的指导意见。

试验示范得到了当地农业和林业部门的大力支持，也为当地茶农带去了新理念、新技术。

第32期（发布于2019年4月30日）

单位：资划所

主题：丹江口水源涵养区农田绿色高效种植关键技术研究与示范工作取得新进展

4月23日，经过一个多月的连续作业，由资划所李虎博士负责的中国农业科学院科技创新工程协同创新任务“丹江口水源涵养区绿色高效农业技术创新集成与示范”子任务二顺利完成了“生态净化塘”的建设工作。

“生态净化塘”是控制农业面源污染的主要治理方式，通过塘内水生植物对氮、磷进行拦截、吸附、沉积以及吸收利用等，从而对流域内流失的过量氮、磷进行有效净化，达到控制农业面源污染的目的。净化塘布设在项目区整个流域出水口处，依地势修建容积为110 m × 38 m × 1.5 m和83 m × 35 m × 1.5 m的生态净化塘2个，塘内主要种植经济价值较高且吸附能力较强的莲藕，不仅实现示范

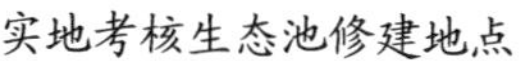
实地考核生态池修建地点

生态池建设中

图8-32　资划所生态净化塘建设

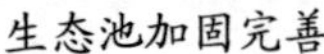
生态池加固完善

莲藕栽植

图8-32 （续）

区内水资源的循环调控和氮磷污染物的消除，而且提高了经济效益，真正达到绿色高效。目前，藕种栽植已全面完成，下一步将投放鱼苗、泥鳅等，进一步提高生产效益，同时加强后续监测管理，明确氮磷污染消减负荷。

试验示范工作得到了十堰农科院的积极配合，也得到了郧县心怡蔬菜专业合作社的大力协助，有效推进了协同创新任务落实，达到了预期效果。

第33期（发布于2019年5月10日）

单位：环保所

主题：“丹江口水源涵养区绿色高效农业技术培训及研讨会”在安康召开

5月6—7日，由环保所主办，安康农科院和富硒院承办的“2019年丹江口水源涵养区安康富硒生态农业技术培训及研讨会”在陕西安康举行。协同创新任务技术总师杨殿林研究员、子任务一技术骨干环保所刘红梅研究员、安康农科院张百忍院长、子任务二技术骨干郑果所钟云鹏助理研究员、茶叶所颜鹏助理研究员、唐美君研究员、傅尚文主任、子任务五技术骨干沼科所王文国研究员、子任务七负责人环保所张艳军副研究员、安康农科院李瑜农艺师、郭邦利高级农艺师等参加授课和研讨。

绿色高效农业的发展不仅关系丹江口水源涵养区水质安全和生态安全，也是农业供给侧改革、区域农业可持续发展和社会长治久安重大战略需求，更是推动中国农业科学院科技扶贫、院地合作、创新驱动的重大科技任务。“丹江口水源涵养区绿色高效农业技术创新集成与示范”协同创新任务共有中国农业科学院10个专业研究所、14个创新团队、138名科研人员以及地方3个科研单位和2个推广单位共同参与实施。实践中，我们深深地感受到，广大基层科技人员、农业企业和农民群众对国内外先进的农业绿色、可持续发展技术掌握得不够，这在一定程度上影响国家乡村振兴、农业绿色发展和扶贫攻坚建设上投入资金的预期效益和效果。多年的农业科学研究和管理的工作实践，使我们深刻地认识到，仅靠科技人员的智慧和力量去改变农村的经济发展是不够的，乡村真正富裕起来的根本在于让广大农民掌握农业科学知识，并自觉地应用到农业生产管理和建设的实践中。当前，最迫切的就是要把农业研究成果技术化、集成化、产业化，使农业科学实用技术的交响之歌在秦巴山区乡村大地生根、开花、结果，形成星火燎原之势，这是举办这次培训和研讨的宗旨和目的所在。

开班式由技术总师杨殿林研究员主持。安康市富硒产业发展办公室赵昆主任到会并讲话，他对中国农业科学院协同创新任务选择在安康实施表示感谢，要求学员珍惜这次国内相关领域的顶尖专家亲自授课培训和研讨机遇、提高认识、强化纪律，学有所获，共同为丹江口水源涵养区绿色高效农业可持续发展，为精准扶贫和乡村振兴贡献力量。

培训会由富硒院唐德剑副主任和安康农科院周高新副所长主持。培训主要内容包括“农业绿色发展的新趋势与展望”“农业面源污染综合防控技术”“沼液沼肥科学利用技术”“猕猴桃高产栽培技术”“魔芋科学栽培技术”“绿色高效茶树栽培管理”“茶园绿色高效病虫害防治”“有机茶园认证”“科学认识和利用农业转基因技术”“外来入侵有害生物综合防控技术”等。安康农科院、富硒院、安康市畜牧兽医中心、各县区农业农村（农林科技）局、农技推广中心科技人员，农业相关企业技术负责人和农民群众等120余人参加了此次培训会。

会后，组织学员前往安康农科院、石泉县明星村核心示范区、紫阳县康硒天茗茶业有限公司和紫阳县科宏茶业有限公司进行实地教学学习，实地考察了桑海金蚕多样化植被景观构建、桑园生草养鸡立体种养、桑园稻田沼液综合利用、猕猴桃茶树高效绿色标准化种植、养殖业废弃污染物拦截净化等试验示范工作进展。

项目技术总师杨殿林主持开班式

部分授课专家

安康农科院魔芋育种温室

安康农科院猕猴桃育苗温室

明星村核心示范区

紫阳县康硒天茗茶业有限公司示范基地

图8-33　项目区生态农业技术培训及研讨会

培训会召开和项目示范区推进得到安康市富硒产业发展办公室赵昆主任，

富硒院李珺主任、唐德剑副主任，安康农科院张百忍院长、周高新和胡先岳副院长，叶兆慧、马俊、王朝阳主任等领导和专家的大力配合，圆满完成了预期工作任务。

第34期（发布于2019年5月20日）

单位： 麻类所

主题： 饲用苎麻推广示范工作在丹江口库区掀开新篇章

高蛋白饲用苎麻品种本地培育转接及其应用推广示范是中国农业科学院科技创新工程协同创新任务“丹江口水源涵养区绿色高效农业技术创新集成与示范”子任务一的重要组成部分。在麻类所“南方经济作物种质资源挖掘与利用创新团队”牵头指导和十堰农科院作物栽培所对接实施下，2019年5月上旬再度在十堰市郧阳区谭家湾推广种植20余亩。

麻类所南方经济作物种质资源挖掘与利用创新团队早在2017年就向十堰市郧阳区、郧西县、竹山县数个畜牧养殖企业提供了3万多株饲用苎麻种苗，截至目前已经在郧县安阳湖生态园公司和郧县德丰生态农业有限公司开展青贮玉米苎麻套种，推广面积150亩。任务实施期间，麻类所相关团队专家赴十堰指导生产实践数十次，积极解决生产实践中遇到的问题和困难。

在项目推广过程中，针对十堰市郧阳区壮硕养殖专业合作社负责人万总对饲用苎麻这种新事物接受积极性不高、对饲用苎麻养殖效益有所怀疑等情况，十堰市和郧阳区畜牧局领导协同十堰农科院栽培所技术人员于4月26日宣讲答疑。十堰农科院栽培所技术人员提出了苎麻和青贮玉米套作/玉米和紫花苜蓿轮作的种植模式方案从技术上保证一年四季都有饲草供应，同时十堰市和郧阳区畜牧局领导解释了退耕还草补贴等相关政策，打消种种顾虑后万总积极配合工作主动要求十堰农科院栽培所提供麻苗。5月5—6日在柳陂基地挖取4万多株种苗，当天运往郧阳区谭家湾镇壮硕养牛场事先整备好的山地，按照株距20 cm、行距110 cm的行间距，推广种植20亩饲用苎麻。今后我们还要为养殖户开展一对一定制式配套饲养技术服务工作，加速饲用苎麻在丹江口库区的大面积推广应用。

与此同时，根据项目要求开展秋葵绿色优质轻简化种植示范。2019年4月中旬在郧县心怡蔬菜专业合作社引入种植了全国优质秋葵品种6组，种植面积达到10亩，在保证农民经济效益的基础上，丰富农业合作社种植结构，截至目前出苗整齐，生长状况良好。

饲用苎麻移苗

饲用苎麻种植

秋葵幼苗打孔种植

秋葵绿色优质种植试验

图8-34　丹江口库区饲用苎麻和秋葵示范推广

第35期（发布于2019年6月11日）

单位： 环保所

主题：“丹江口水源涵养区绿色高效农业技术创新集成与示范”2019年第二次工作推进会在天津召开

6月11日，“丹江口水源涵养区绿色高效农业技术创新集成与示范”项目

2019年第二次工作推进会在天津召开。环保所副所长周其文、科研处副处长周莉、协同创新任务技术总师杨殿林研究员、子任务三负责人杜连柱研究员、子任务五负责人陈昢圳高级工程师以及其他项目相关人员参加了会议。

会上，技术总师杨殿林研究员报告了项目的整体进展、存在问题以及下一步工作重点和目标。指出各团队要坚持任务导向，切实落实承担单位和任务负责人的主体职责，持续优化实施方案，确保各项任务考核指标按计划保质保量完成。从目前项目执行情况来看，各团队投入的人力和时间、取得的任务进展与任务目标、经费执行差距较大，工作总结不到位、标志性成果不足，与地方工作对接也有待加强。下一步要加强核心示范区建设，在技术集成创新的同时，有效推动技术和模式在生产上大面积应用。各子任务负责人结合自身的工作任务，汇报了工作进展、存在的问题，以及下一步工作计划。

副所长周其文指出，中国农业科学院先后启动了19项协同创新任务，2018年中期考核评估后，在多数项目停止资助的情况下，“丹江口水源涵养区绿色高效农业技术创新集成与示范”项目予以持续支持，反映出中国农业科学院领导对该项目的高度重视，体现出该项目的重要性和紧迫性，也肯定了各团队的努力付出和工作成效。

项目技术总师杨殿林研究员汇报

副所长周其文讲话

图8-35　项目2019年工作推进会

周其文要求：①各参加单位、子任务负责人要本着高度负责的担当意识，切实履行承诺，对所承担的项目任务全面负责，集中人力物力，按计划推动项目执行进度；②项目执行要与任务目标紧密结合，突出重点、抓核心、抓亮点；

③创新研究要与技术集成示范结合，加强科研成果推广应用，联合力量培育重大科技成果。同时还强调，各子任务负责人要与项目其他团队紧密结合，注重数据积累，加强总结；多沟通，互帮互助，分享成果和经验；结合科研需求，合理合规，加快经费执行进度。

第36期（发布于2019年7月15日）

单位：环保所

主题：项目组一行赴十堰和安康推进试验示范区建设

7月10—14日，中国农业科学院科技协同创新任务“丹江口水源涵养区绿色高效农业技术创新集成与示范”子任务一负责人赵建宁副研究员、技术骨干章秋艳，子任务三负责人杜连柱研究员、技术骨干翟中葳和赵辉博士，子任务四技术骨干谈星博士，子任务五技术骨干张敏研究员，子任务七负责人张艳军副研究员、技术骨干李静等一行推进十堰和安康项目试验示范区建设。

7月10—12日，在十堰郧西谭家湾项目核心区、十堰农科院柳陂基地进一步推进果园菜园生草等植物多样性利用、作物轮间套作、猕猴桃绿色高效种植、设施蔬菜水肥药一体化、魔芋软腐病综合防控、沼液农田高效施用、农田氮磷生态拦截、水源涵养区分散式生活污水控制等试验示范工作。在柳陂基地召开“丹江口水源涵养区绿色高效农业技术创新集成与示范”项目2019年下半年十堰工作推进会。会上，各子任务承担单位专家与十堰农科院各对接单位分别汇报了两年半来在十堰示范区的工作进展、存在的问题及下一步工作安排。赵建宁副研究员代表项目办公室，总结分析了各子任务的进展情况，肯定了十堰示范区建设取得的显著成效，分析了目前存在的主要问题并提出改进建议。十堰农科院周华平院长发言，试验示范取得了预期的效果，对试验示范中的问题，各课题专家要提前谋划，确保高质量推进示范区建设。

7月13—14日，在安康市石泉县池河镇明星村核心示范区、石泉县杨柳示范园、安康农科院等试验基地，落实桑园生草覆盖、桑树套种马铃薯、桑园养鸡、生态廊道构建、氮磷养分生态拦截、沼肥沼液高效循环利用、病虫害绿色防控、农村生活污染物处理、魔芋病害生物多样性防控等试验示范工作。石泉县在明星村项目核心示范区打造的多样性生态桑园举办了首届“鎏金铜蚕”文化国际研讨会和万亩桑海·丝绸服装田园体验秀，展示了“醉美桑海”的魅力，促进了项目“三产融合”的美丽田园建设，为区域农业绿色生态转型升级提供了示范样板。

此次试验示范工作得到十堰农科院周华平院长、封海东书记、肖能武总农艺师，富硒院李珺主任、张立君副主任，安康农科院张百忍院长等领导及专家的大力配合，圆满完成了预期工作任务。

谭家湾核心示范区

农田氮磷生态拦截示范

植物多样性利用示范

魔芋软腐病综合防控示范

图8-36 环保所推动项目核心区建设

猕猴桃园生草示范

2019年下半年十堰工作推进会

安康明星村核心示范区

核心示范区步道建设

魔芋病害生物多样性防控示范

沼液农田高效施用示范

图8-36 （续）

第37期（发布于2019年9月4日）

单位：环保所

主题：环保所在十堰开展生态果园和生态茶园试验示范

8月20日—9月2日，中国农业科学院科技创新工程协同创新任务“丹江口水源涵养区绿色高效农业技术创新集成与示范”子任务一技术骨干王慧副研究员及李青梅博士等一行6人赴湖北十堰进一步推进生态果园和生态茶园试验示范区建设。

丹江口水源涵养区大面积果园和茶园单一种植对生态系统造成一系列负面影响，如生物多样性降低、抗病虫害能力减弱及农业面源污染等问题。生态果园和生态茶园是一种能够改善园区生物多样性、利于生态环境的新型友好种植模式，可为保障果园和茶园生产的可持续发展奠定良好的基础。

在十堰农科院柳陂、西沟猕猴桃基地以及谭家湾核心区茶园基地继续开展试验示范，进一步推进利用覆盖作物多样性改善果园和菜园生态系统功能的试验。通过调查地上植被多样性、昆虫多样性和植物病害情况，布置地下诱饵条监测土壤动物活性，采集土壤样品分析土壤线虫和微生物群落及功能多样性，系统研究覆盖作物对土壤质量和微生态的影响，以及在杂草控制和病虫害防治方面的效能和潜力，探索适合区域猕猴桃园和茶园的生态种植模式，为丹江口水源涵养区果园和茶园的绿色高效可持续发展提供模式借鉴与技术支撑。

柳陂基地猕猴桃覆草试验示范

图8-37 环保所生态果园建设

此次试验示范得到了十堰农科院周华平院长、肖能武总农艺师、十堰市经济作物研究所王东岐所长、王华玲副研究员等领导和专家的大力支持，圆满完成了试验示范任务。

第38期（发布于2019年10月24日）

单位：沼科所

主题：沼科所张敏在湖北十堰谭家湾项目核心示范区开展尾菜资源化利用试验示范

10月15—17日，中国农业科学院科技创新工程协同创新任务“丹江口水源涵养区绿色高效农业技术创新集成与示范”子任务五“水源涵养区分散式生活污染物控制技术研究”骨干成员单位沼科所科研处处长张敏、葛一洪博士，在十堰农科院纪委书记封海东、农艺师李坤的陪同下，在湖北十堰谭家湾项目核心示范区开展尾菜资源化利用试验示范。并对十堰市餐厨垃圾处理工程进行了技术指导，针对存在的问题提出了改进建议。与十堰市东风环保工程有限公司相关负责人进行了座谈，就餐厨垃圾沼渣沼液综合利用开发应用等进行了交流。

10月17日，课题组在郧阳县谭家湾镇心怡蔬菜合作社，对尾菜厌氧消化沼气工程试验示范运行情况及存在的问题进行了认真研究，并提出了改进意见。针对如何高效利用沼气工程处理尾菜以及如何管理沼气工程使其长效运行进行培训和指导，进一步对沼气工程厌氧消化和沼液沼渣综合利用的试验示范进行了安排。

考察十堰市餐厨处理工程

项目区尾菜厌氧消化沼气工程

图8-38　沼科所尾菜资源化利用试验示范

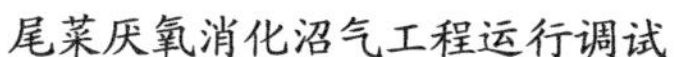
尾菜厌氧消化沼气工程运行调试

沼气工程顺利运行

图8-38　（续）

此次赴郧县心怡蔬菜专业合作社开展沼气工程调试运行工作，得到了十堰农科院各位领导的鼎力配合，共同推进了协同创新任务的落实，达到了预期效果。

第39期（发布于2019年11月12日）

单位：环保所

主题：项目组一行赴安康和十堰推进试验示范区建设

11月6—11日，中国农业科学院科技创新工程协同创新任务“丹江口水源涵养区绿色高效农业技术创新集成与示范”项目技术总师杨殿林研究员、子任务一负责人赵建宁副研究员、子任务三骨干吴爱兵副研究员、子任务六负责人黄治平副研究员、子任务七负责人张艳军副研究员等一行推进安康和十堰项目试验示范区建设。

11月6—7日，项目组在安康农科院、石泉县池河镇明星村核心示范区、石泉县杨柳示范园、石泉县池河镇明星万吨有机肥厂、安康阳晨现代农业科技有限公司、汉阴县绿丰现代农业有限公司、汉阴金硕现代农业有限公司等单位，落实桑园果树生态廊道、金蚕构型斑块、桑园覆草、桑品种质资源圃园、桑园养鸡、桑/马铃薯/花生/大豆/甘薯套作、桑园养菇、桑园废弃桑枝栽培黑木耳、桑副产品综合利用与开发、农田氮磷养分生态拦截、沼肥沼液高效循环利用、农村生活污染物处理、猕猴桃绿色高效生产、茶高效生产及绿色综合防控、魔芋病害生物多样性防控等试验示范工作，并与各对接单位负责人进行深入交流。在陕西果业集团汉阴有限公司，落实了猕猴桃标准园建设试验示范。

11月8日，“丹江口水源涵养区绿色高效农业技术创新集成与示范”项目安康2019年工作推进与2020年工作部署会在富硒院召开，会议由富硒院李珺主任主持。技术总师杨殿林研究员对照项目总体任务和目标，分析了项目实施三年来在构建协同创新机制、推动绿色高效农业发展等方面的主要工作进展及存在的问题，并对2020年主要任务做了安排部署；各子任务承担单位专家汇报了安康示范区的工作进展、存在的问题及2020年工作计划；各对接单位汇报了2019年的工作完成情况和2020年工作安排。

11月9—11日，项目组在十堰郧西谭家湾项目核心区、十堰农科院柳陂基地、张湾区西沟猕猴桃基地，湖北龙王垭茶业有限公司进一步推进作物轮间套作、中草药（白及、茅苍术覆膜）绿色高效栽培、土壤改良、菜地蜜源植物带、果菜园生草、猕猴桃绿色高效种植、魔芋软腐病综合防控、设施蔬菜水肥药一体化、低氮磷饲料开发、沼液农田高效施用、有机肥和沼渣沼液农田高效施用、尾菜发酵循环利用、农田氮磷生态拦截、水源涵养区分散式生活污水控制、科普长廊等试验示范。

安康农科院猕猴桃试验示范

魔芋试验示范

图8-39　项目区各示范功能区建设

明星村桑海多功能农田示范区

桑园养菇试验示范

石泉县杨柳示范园

安康工作推进会

湖北龙王垭茶业有限公司示范

谭家湾示范区

图8-39　（续）

尾菜发酵利用试验示范

菜地多样性种植示范

生活废水处理示范

西沟猕猴桃基地示范

图8-39 （续）

此次试验示范和现场推进会得到了富硒院李珺主任、张立君副主任，安康农科院张百忍院长、周高新副院长、郭邦利高级农艺师、李瑜农艺师，石泉县徐子昌副县长、安康市畜牧兽医中心刘绵刚、安康农技推广中心王文广、安康学院郭全忠，十堰农科院周华平院长、肖能武总农艺师、郭元平科长等领导和专家的大力配合，圆满完成了预期工作任务。

第40期（发布于2020年1月16日）

单位：环保所

主题：中国农业科学院协同创新任务陕西安康核心示范区2020年度工作推进会在天津召开

1月8日，中国农业科学院协同创新任务“丹江口水源涵养区绿色高效农业技术创新集成与示范”安康核心示范区2020年度工作推进会在天津召开。任务技术总师杨殿林研究员、子任务一负责人赵建宁副研究员、子任务三负责人杜连柱研究员、子任务七负责人张艳军副研究员、秦洁博士、周忠凯博士等与陕西安康核心示范区石泉县委常委徐家彦副县长、畜牧兽医中心袁国波主任就2020年安康核心示范区的重点工作进行研讨和交流。

杨殿林研究员介绍了中国农业科学院协同创新任务的总体设计、任务目标和任务分工，2019年主要工作进展、取得的成效及存在的问题，提出了2020年安康核心示范区主要工作和目标。子任务负责人赵建宁、杜连柱、张艳军分别就2020年子任务重点工作进行了介绍。双方就农田生态强化、农田面源污染治理、种养结合、病虫害绿色高效防控等技术体系与模式进行深入研讨。

石泉县是闻名天下的“蚕桑之乡”，也是项目核心区所在地，习近平总书记在“一带一路”国际合作高峰论坛开幕式主旨演讲中提到见证古丝绸之路历史的鎏金铜蚕，就出土于石泉县池河流域，日转星移，岁月递嬗，鬼谷子文化、蚕桑文化与汉水文化、移民文化在这里沉淀积累，交相辉映。全县现有桑园面积7万余亩，其中优质桑园5万亩，养蚕农户近万户，占总农户的22%。徐家彦副县长详细介绍了石泉县的经济、社会概况、区位优势、产业特点，对示范区结合美丽乡村建设，以发展蚕桑产业大户、蚕桑家庭农场、蚕桑园区为载体，建设集生态观光、桑葚采摘、养蚕体验等为一体，构建了水源涵养区种养结合、生态循环、环境优美的田园生态系统，对县域猕猴桃、茶、桑、魔芋等特色产业农业绿色发展的支撑作用表示感谢，希望安康石泉能够持续得到中国农业科学院院地合作项目的支持，在桑蚕废弃物综合利用、区域生态修复、面源污染治理、秸秆废弃物综合利用、茶产业发展、有机专用肥生产、设施农业标准园建设等方面为其提供更多的技术指导，在打造蚕业美丽乡村的生产、生态、生活融合，推动农业绿色高效发展的新业态为其提供更多的技术服务。

此次工作推进会，明确了项目安康核心示范区2020年的主要工作、任务目标，落实了具体措施，并对示范区实施方案进行修改完善，确保了协同创新任务技术集成的创新性、产业支撑的适用性和区域发展的带动性。

徐副县长与任务专家座谈交流

图8-40　与石泉县领导对接示范区建设工作

第41期（发布于2020年3月11日）

单位：环保所

主题：“丹江口水源涵养区绿色高效农业技术创新集成与示范”2020年任务推进及工作要点

原定2月18日在天津召开的中国农业科学院协同任务“丹江口水源涵养区绿色高效农业技术创新集成与示范”2020工作推进会，因新冠肺炎疫情变更为通过QQ视频、微信、电话、邮件等不同形式逐一与各子任务、团队负责人进行对接，并按照合同任务书要求及项目区的实际情况，综合各单位、团队的技术优势，经广泛交流与深入讨论，制定协同创新任务任务2020年工作要点，明确各子任务的年度目标和重点工作。

一、子任务一　水源涵养区生物多样性利用及农田生态景观构建技术

（1）构建果园、茶园、菜园、桑蚕、魔芋等不同类型农田生态强化技术体系，包括作物轮间套作、立体种养、退耕还林草、生态廊道、植物多样性（蜜源、绿肥）利用等技术，制定生态标准园技术标准或规范。创制农田内、农田边界、自然半自然斑块生态强化轻简技术。

（2）细化生物多样性相关监测指标，监测并评价示范区生态系统服务功能变化。监测桑园养鸡水土流失，提出适宜载畜量。

（3）兼顾区域产业发展和生态经济效益，开展区域试验示范和产业结构调整优化。加强桑枝综合利用，桑副产品创制，延长产业链。苎麻饲料替代等技术推广应用。

（4）完成示范和生产推广应用任务。创新集成技术在核心示范区示范，增加技术集成和显示度，在生产中大面积推广应用。提交示范推广应用区域所在乡和新型农业经营主体（专业大户、家庭农场、农民合作社、农业企业）名单，统计面积和农户，分析效益情况。

（5）完成“丹江口水源涵养区绿色高效农业技术”书稿中“农田生物多样性利用与生态强化技术”章节。

（6）编制生物多样性利用与生态强化技术手册，开展技术培训，设立展示牌，开展科普宣传。完成项目子任务技术报告、工作总结和效益分析报告等项目结题相关材料。

二、子任务二　水源涵养区农田绿色高效种植关键技术研究

（1）集成创新茶园、猕猴桃、桑、魔芋、菜园等主要作物绿色高产高效栽培技术，作物优良种质的引种选育以及加工，土壤培肥固碳关键技术，土壤硒的吸收累积规律及富硒农产品生产技术，农田面源污染控制技术等。制定标准园相关技术规范。

（2）持续监测丹江口水源涵养区农业面源污染过程和趋势，进行污染物溯源分析。

（3）完成示范和生产推广应用任务。增加技术创新集成度，在核心示范区示范，建设面源污染控制示范工程及设施，在生产中大面积推广应用。提交示范推广应用区域所在乡和新型农业经营主体（专业大户、家庭农场、农民合作社、农业企业）名单，统计面积和农户，分析效益情况。

（4）完成“丹江口水源涵养区绿色高效农业技术”书稿中“农田面源污染防控技术”章节。

（5）编制农田面源污染防控技术手册，开展技术培训，设立展示牌，开展科普宣传。

（6）完成项目子任务技术报告、工作总结和效益分析报告等项目结题相关材料。

三、子任务三　水源涵养区养殖业废弃物高效循环利用关键技术与设备研发

（1）研究区域农牧结合、种养耦合土地环境承载力；评估养殖废弃物源头减量潜力和效益；对比分析不同养殖圈舍、饲喂设备、清粪方式和储存方法等养殖废弃物减量和收集效率，集成构建废弃物减量化和高效收集体系，并示范应用。

（2）创新集成从源头饲料到末端粪水全过程污染物消减技术及产品，推广猪蛋鸡低氮磷排放环保型饲料生产技术；创新集成有机肥和沼渣沼液农田高效施用技术、沼液结合尾菜发酵技术及装备，建立并优化区域绿色高效种养新模式。

（3）完成示范和生产推广应用任务。创新集成技术和设备、产品在核心示范区示范，在生产中大面积推广应用。制定标准园（场）相关技术规范。提交示范推广应用区域所在乡和新型农业经营主体（专业大户、家庭农场、农民合作社、农业企业）名单，统计面积和农户，分析效益情况。

（4）完成“丹江口水源涵养区绿色高效农业技术”书稿中“养殖业废弃物综合利用技术”章节。

（5）编制生态养殖与畜禽废弃物综合利用技术手册，开展技术培训，设立展示牌和科普宣传。

（6）完成项目子任务技术报告、工作总结和效益分析报告等项目结题相关材料。

四、子任务四　水源涵养区生态型高效设施农业技术集成

（1）监测菜、果、茶、桑、魔芋等区域主要作物病虫害发生、危害及趋势，明确防控重点。

（2）创新集成土壤消毒技术、农药替代及主要作物病虫害绿色防控技术和物化产品，构建简便高效、经济实用的全程绿色防控模式，制定标准园（场）绿色防控技术规范。

（3）完成示范和生产推广应用任务。提交示范推广应用区域所在乡和新型农业经营主体（专业大户、家庭农场、农民合作社、农业企业）名单，统计面积和农户，分析效益情况。

（4）编制完成“丹江口水源涵养区绿色高效农业技术”书稿中“主要作物病虫害绿色防控技术”章节。

（5）编制主要作物病虫害绿色防控技术和产品科学使用手册，开展技术培训，设立展示牌，开展科普宣传。

（6）完成项目子任务技术报告、工作总结和效益分析报告等项目结题相关材料。

五、子任务五　水源涵养区分散式生活污染控制技术研究

（1）集成优化基于丹江口水源涵养区乡村生活污染排放特征、生活垃圾分类及堆肥处理技术与设备，污水处理和人工湿地消纳技术与设备。

（2）制定自然村落（居民点）生活污染控制相关技术规范。建立农用废弃物（如农药瓶、废塑料等）回收处理办法与机制。

（3）完成示范和生产推广应用任务。集成并建设生活污水处理示范工程与设备设施、生活垃圾处理示范工程与设备设施在核心示范区应用，增加技术创新集成度，在生产中大面积推广应用。提交示范推广应用区域所在乡和新型农业经营主体（专业大户、家庭农场、农民合作社、农业企业）名单，统计面积和农户，分析效益情况。

（4）完成“丹江口水源涵养区绿色高效农业技术”书稿中“乡村生活污染控制技术”章节。

（5）编制乡村生活污水和生活垃圾处理技术手册，开展技术培训，设立展示牌，开展科普宣传。

（6）完成项目子任务技术报告、工作总结和效益分析报告等项目结题相关材料。

六、子任务六　水源涵养区绿色高效农业系统评价体系与保障机制

（1）探索建立示范推广服务模式与运行管理机制，提出制约区域技术应用的主要因素与对策。提出政府、社会组织和市场（生产和销售）主体在区域绿色高效农业发展中的作用、有效方式及政策建议。

（2）建立绿色高效生态经济评价指标体系与评价方法，对各子任务主要技术实施效果和效益评价。提出区域生态农业红色绿色清单，编写区域不同尺度（农户、农场、村级）生态农业操作指南。

（3）基于技术实施区域生态系统服务功能变化，研究区域现行的农业补贴

制度、问题及改进对策，提出区域农业生态补偿标准。

（4）在十堰和安康核心示范区开展轻简高效乡村厕所污水处理技术与设备示范与应用。

（5）完成“丹江口水源涵养区绿色高效农业技术”书稿中“绿色高效农业评价体系与生态补偿”章节。

（6）开展技术培训，设立展示牌，开展科普宣传。完成项目子任务技术报告、工作总结和效益分析报告等项目结题相关材料。

七、子任务七　水源涵养区绿色高效农业技术集成与示范

（1）组织、督促并落实各子任务、承担单位及团队保质保量按照项目任务书要求，在核心示范区集成展示各子任务核心关键技术与模式，并推广应用。

（2）提交示范推广应用区域所在乡和新型农业经营主体（专业大户、家庭农场、农民合作社、农业企业）名单，统计面积和农户，分析效益情况。

（3）汇编项目形成的标准与规范，完成“丹江口水源涵养区绿色高效农业技术”统稿并出版。

（4）按时提交项目进展简报，设立展示牌，开展科普宣传。

（5）完成项目各子任务技术报告、工作总结和效益分析报告汇总，以及项目结题和报奖相关材料。

第42期（发布于2020年4月12日）

单位：环保所

主题：环保所在安康项目核心区开展生态桑园套种魔芋试验示范

4月8—11日，安康农科院根据中国农业科学院科技创新工程协同创新任务“丹江口水源涵养区绿色高效农业技术创新集成与示范”子任务一负责人赵建宁副研究员和子任务七负责人张艳军副研究员制订的生态桑园套种魔芋高效栽培模式的试验方案，协助配合完成安康市石泉县明星村桑园套种魔芋的试验布设工作。

丹江口水源涵养区安康市是桑蚕之乡，桑蚕业为当地传统主导产业，但是桑树大面积单一种植对生态系统也造成一系列明显的负面影响，如生物多样性减少、桑树病虫害发生加重及农业面源污染等。安康市是全国魔芋之乡，魔芋产业已成为当地的优势特色产业，在增加农民收入、助力脱贫攻坚方面取得显著成效。就安康多山少地的区域特点，如何推动魔芋产业的快速健康发展成为当地关键技术需求。桑园套种魔芋能够显著增加种植的综合经济效益，同时还增加农田生物多样性，有利于保护生态环境，为保障桑蚕、魔芋产业可持续发展奠定良好的基础。

在明星村选取有一定坡度的具有代表性的桑园，在桑树行间套种魔芋，分别设置清耕、自然生草、单种覆盖、多种花草覆盖的方式进行试验示范。通过调查魔芋生长、发病倒苗、产量指标，并采集土壤样品分析土壤线虫、微生物群落及功能多样性，系统研究覆盖作物对魔芋及桑园土壤质量和微生态的影响，以及控制病虫害的潜力，探索适合区域桑园套种魔芋的绿色高效生态种植模式，为丹江口水源涵养区桑蚕、魔芋产业的绿色高效可持续发展提供模式借鉴与技术支撑。

桑园套种魔芋选地

魔芋播种

覆盖草种称量

魔芋行间覆草

图8-41　生态桑园套种魔芋试验示范

此次试验示范得到了安康农科院院长张百忍、农产品加工所李瑜农艺师、薯类作物所段龙飞农艺师和石泉县蚕桑中心高级农艺师吴晓琼的大力支持。

第43期（发布于2020年4月17日）

单位：植保所

主题：植保所研发的病虫害绿色综合防控和水肥药一体化技术在丹江口水源涵养区设施蔬菜生产中大面积推广应用

目前正值疫情防控复工复产时期，4月16日，中国农业科学院科技协同创新任务“丹江口水源涵养区绿色高效农业技术创新集成与示范”子任务四团队联合十堰农科院利用网络云端+现场指导方式在十堰市郧阳区柳陂镇开展“设施蔬菜病虫害绿色综合防控和水肥药一体化技术”现场培训会，植保所为当地农户免费提供了价值总计3万多元的12种生物农药及水肥药一体化产品，助力当地农业复工复产。

植保所刘新刚团队针对设施蔬菜生产中高水、高肥、农药施用过量、面源污染风险高等问题，采用生物源农药及低毒高效的化学农药进行病虫害防治，采用水肥药一体化技术实现减肥减药，达到农业农村部提出的药肥“双减”及蔬菜绿色安全生产的目标。生产中当地科技人员可以通过手机连线植保所土传病害防控专家郭荣君副研究员对蔬菜病害进行远程诊断，十堰农科院相关专家为农户进行现场答疑解惑，这种线上与线下相结合的培训方式，受到了当地农户的热烈好评。

十堰市柳陂蔬菜基地位于丹江口南水北调核心水源区，既要保障十堰市菜篮子持续安全供应又要保障国家南水北调水质安全。创新任务子任务四团队通过技术集成和示范，实现蔬菜病虫害防控技术的规范化、标准化，形成丹江口水源涵养区生态、高效、绿色农业技术体系，为十堰地区的农业供给侧改革及农业产业转型升级提供了技术支撑。该项技术的推广应用由植保所提供科研产品及技术支持，十堰农科院负责组织技术示范与推广，实现了中央科研单位与地方科技推广单位的协同创新。

病虫害绿色综合防控和水肥药一体化技术在丹江口水源涵养区设施蔬菜生

产中大面积推广应用得到十堰农科院周华平院长、吴平华副院长、肖能武总农艺师的大力配合和支持。

发放技术资料

赠送生物农药产品

技术培训

面对面讲解技术

图8-42　植保所病虫害绿色综合防控技术培训

第44期（发布于2020年4月19日）

单位：环保所

主题：环保所开展丹江口水源涵养区农业生物多样性保护和集约化农田生态强化技术体系构建研究与示范推进面向绿色高效农业系统的转型

4月17—18日，中国农业科学院科技创新工程协同创新任务“丹江口水源涵养区绿色高效农业技术创新集成与示范”子任务一负责人赵建宁副研究员在天津视频连线十堰农科院专家，指导开展水源涵养区农业生物多样性保护和集约化农田生态强化技术体系构建研究与示范工作。

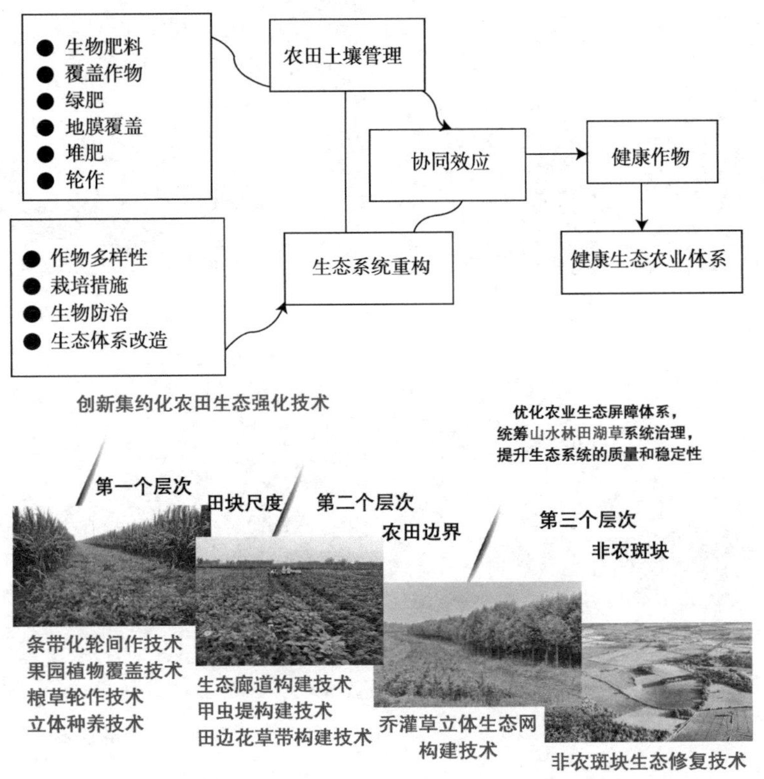

图8-43　水源涵养区农业生物多样性保护和集约化农田生态强化技术体系及关键技术

集约化农田长期、大面积、单一种植，造成农药、化肥等高强度投入，严重破坏了生物多样性和生态平衡，土壤质量下降、病虫草害频发且逐年加重。小虫成大灾、多病共发、杂草群落演变、重要病虫草害抗药性突出等问题，严重地威胁到粮食安全和生态安全。集约化农田生物多样性减少和生态平衡失调成为农业绿色发展的主要限制因素。保障种植业绿色高效可持续发展，最根本有效的策略便是构建一个健康的农业生态系统。应用农田生态系统方法，基于生物多样性利用，设计、重建生态廊道和生态景观系统，科学配置农田生物多样性，重构健康的农田生态系统，提升农田生态系统服务功能，推动粮食安全营养和可持续集约化农业已被FAO确认为集约化农田实现可持续发展最有前途的解决方案。

项目在湖北省十堰市郧阳区谭家湾项目核心示范区，构建了水源涵养区农业生物多样性保护和集约化农田生态强化技术体系，利用农田边角、沟渠周边等空闲或低肥力土地，种植由三叶草、地被菊、天人菊和虞美人等多科混合花草组成的绿植带，构建和优化核心示范区的农田生态景观，打造区域多样化景观，提高农田系统的生物多样性，调节农田小气候，降低病虫害的发生，提升农田生态系统服务功能。

试验示范工作得到了十堰农科院的积极配合，也得到了郧县心怡蔬菜专业合作社的大力协助，有效推进了协同创新任务的落实，达到了预期效果。

图8-44　示范区绿色高效农业技术科普长廊

第45期（发布于2020年4月24日）

单位：资划所

主题：资划所推动十堰核心示范区“生态净化塘”建设取得新进展

4月23日，经过一个多月的持续作业，由资划所李虎研究员负责的中国农业科学院科技创新工程协同创新任务“丹江口水源涵养区绿色高效农业技术创新集成与示范”子任务二顺利完成了生态净化塘莲藕品种的优化与种植工作。

“生态净化塘”作为农业面源污染“末端治理”主要方式，通过塘内水生植物对农田输出的氮磷养分进行拦截、吸附、沉积以及利用等过程，达到减少农业面源污染、净化流域内水体的目的。净化塘布设在十堰项目区整个流域出水口处，依地势修建了面积为110 m × 38 m × 1.5 m和83 m × 35 m × 1.5 m的两级生态净化塘，种植经济价值较高且吸附能力较强的莲藕与籽莲。通过一年的实施与监测，不仅实现了示范区内水资源的循环调控和氮磷污染负荷20%以上的消除，而且带动示范区农户每亩增收2 000余元，具有显著的生态与经济效益，深受农户欢迎。今年继续在去年工作的基础上，优化藕种，全部改种太空莲36号，提高莲藕品质和市场价值，并将投放鱼苗、泥鳅等，进一步提高经济效益，同时加强后续水质监测，明确氮磷污染消减负荷。

试验示范工作得到了十堰农科院的积极配合，也得到了郧县心怡蔬菜专业合作社的大力协助，有效推进了协同创新任务的落实，达到了预期效果。

太空莲36号藕种

生态净化塘藕种种植

周华平院长现场指导

图8-45　生态净化塘试验示范

第46期（发布于2020年5月12日）

单位：环保所

主题：聚集科技创新全要素，谱写现代农业新篇章《丹江口水源涵养区绿色高效农业技术创新集成与示范》项目专刊出版

绿水青山就是金山银山。党的十八大以来，生态文明建设成为统筹推进“五位一体”总体布局和协调推进“四个全面”战略布局的重要内容。坚持人与自然和谐共生基本方略、坚持绿色发展理念、实施乡村振兴战略等新理念新思想新战略方兴未艾。

生态文明建设与现代农业发展相互交融。2013年，中国农业科学院启动科技创新工程，深入贯彻落实习近平总书记“三个面向”重要指示精神，针对新时代农业农村科技发展新要求，探索创新机制，全方位调动创新资源，促进“人才、技术、信息”全要素融通，改“单兵作战”为“协同攻关”，构建了协同创新科技创新组织新模式，以在重大基础与前沿技术探索、产业核心关键技术、区域发展综合性解决方案等多方面实现突破。

“丹江口水源涵养区绿色高效农业技术创新集成与示范”是中国农业科学院科技创新工程协同创新任务。项目肩负科技扶贫、院地合作、生态农业科技创新使命，力求为保障南水北调中线工程核心水源水质安全、国家级生态示范区建设和鄂西北国家级重点生态功能优化提供有力科技支撑，推动秦巴山集中连片特困地区农业产业升级和高质量发展、加快区域脱贫攻坚进程。为总结该协同创新任务的阶段性成果，我们围绕生物多样性保护、土壤固碳培肥、高产优质高效、病虫害绿色防控、环境保护与修复等方面的项目研究成果，精选文章19篇专刊出版。

图8-46　项目专刊

愿我们有更多、更强的科技力量投身“生态优先、绿色发展”的探索和实践，把绿水青山建得更美，把金山银山做得更大，把农业农村发展得更加色彩斑斓。

第47期（发布于2020年7月20日）

单位：环保所

主题：“丹江口水源涵养区绿色高效农业技术创新集成与示范”项目2020年现场观摩推进会分别在十堰和安康召开

7月13—19日，协同创新任务技术总师杨殿林研究员、子任务一负责人赵建宁副研究员、子任务七负责人张艳军副研究员、郑果所齐秀娟研究员分别在十堰、安康召开2020年现场观摩暨项目核心示范区建设工作推进会。

协同创新任务重点是围绕“绿色、高效、多功能和可持续”的核心目标，建立以绿色高效种养耦合技术为先导、以污染物阻控和消减氮磷面源污染为重点，通过技术创新集成，构建水源涵养区绿色高效农业技术体系，建立区域绿色高效农业发展的长效机制，提升区域水源涵养功能、水质保护功能和优质农产品生产功能，促进区域绿色协调可持续发展，为水源涵养区农业转型升级提供理论指导和示范样板。

13—15日，项目组先后深入郧县心怡蔬菜专业合作社、郧阳区柳陂镇高岭现代农业科技示范基地、郧阳区柳陂镇挖断岗设施农业土壤消毒示范现场、西沟乡猕猴桃绿色优质高效技术示范现场、六里坪硕丰养殖家庭农场、龙箭武当道茶产业开发有限公司、十堰市果茶所生态农业示范基地等，就推进落实多样性植物景观廊道构建、生态果园覆草、土壤改土、设施蔬菜病虫害绿色高效防控、有机肥和沼渣沼液农田高效施用、农村生活垃圾分类、生活废水处理、尾菜发酵沼气工程、农田氮磷生态拦截、水质长期监测、科普长廊等试验示范进行深入研究。杨殿林首席一行同各子任务项目实施人员进行了深入交流，详细了解了项目实施情况，对疫情防控期间十堰农科院在协同创新项目实施过程中做出的工作和成绩予以了肯定，对项目实施过程中存在的问题、改进的方向提出了建设性意见和建议。十堰农科院周华平院长指出，今后工作重点是根据项目组制订的工作任务清单，针对性查漏补缺做实做好技术推广和示范工作，保质保量完成试验示范任务。

16—18日，项目组和十堰农科院相关技术负责人一道考察调研安康市平利田珍茶业有限责任公司、女娲凤凰茶业现代示范园区、平利神草园茶业有限公司、富硒院、忠诚现代农业园区、盘龙山现代农业园魔芋产业基地、安康农科院、汉阴中坝千亩猕猴桃基地、涧池镇仁河猕猴桃种苗繁育中心、石泉明星村核心示范区，推进落实富硒果菜茶全产业链高效生产、抗病高产魔芋育种、魔芋绿色高效栽培、特色中药材种植、食用菌栽培、生态果茶桑园覆草、桑园多样化轮间套作、桑鸡共生、生态桑园景观廊道构建、桑副产品开发及废弃物利用、设施蔬菜病虫害绿色防控、沼肥沼液高效循环利用、农田养分生态拦截、农村生活污染物处理等试验示范工作。在安康农科院召开2020年项目工作推进会，会议由富硒院唐德剑副主任主持。杨殿林首席对照项目总体任务和目标，全面报告了项目实施以来在构建协同创新机制、推动绿色高效农业发展等方面的主要工作进展及存在的问题，充分肯定了富硒院、安康农科院、十堰农科院对项目实施的支持和所做出成绩，并对下一阶段工作进行了详细的安排部署。协同创新任务不仅推动了十堰和安康两地的农业绿色可持续发展，同时也促进了十堰和安康两地农业科研的交流和合作，带来了院地合作三方共赢的效果。安康农科院张百忍院长和十堰农科院周华平院长表示，项目实施已进入收官之年，将对照工作任务清单逐项总结提炼，查漏补缺，不仅要为项目验收做好准备，更要为后续科技成果申报提前谋划。

蜜源植物景观廊道（谭家湾）

饲用苎麻栽培（谭家湾）

图8-47　项目2020年现场观摩推进会

尾菜发酵沼气工程（谭家湾）

设施蔬菜地土壤消毒（挖断岗村）

生态标准猕猴桃园（柳陂镇）

生态标准茶园（龙箭武当道茶）

富硒院（高新区）

安康魔芋产业基地（盘龙山）

图8-47 （续）

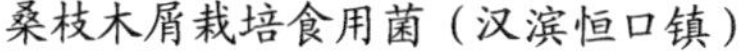

桑枝木屑栽培食用菌（汉滨恒口镇）

项目工作推进会（安康农科院）

图8-47　（续）

此次试验示范和现场推进会得到了十堰农科院周华平院长、肖能武总农艺师、齐秀娟副院长、富硒院李珺主任、唐德剑副主任、安康农科院张百忍院长、周高新副院长、平利县农业农村局、汉阴县农业农村局、石泉县农业农村局等领导和多位所长专家的大力配合，圆满完成了预期工作任务。

第48期（发布于2020年8月9日）

单位： 环保所

主题： 推广百项绿色高效生产技术，谱写丹江口水源涵养区现代生态农业发展新篇章

南水北调工程是实现我国水资源优化配置、促进经济社会可持续发展、保障和改善民生的战略性基础设施。为确保南水北调中线调水水质安全，协调推进水源区经济社会发展与水源保护，国务院先后批复了《丹江口库区及上游水污染防治和水土保持规划》《丹江口库区及上游水污染防治和水土保持“十二五”规划》《丹江口库区及上游水污染防治和水土保持“十三五”规划》。2017年在中国农业科学院各级领导的关心支持下，经申报和专家评议推荐，中国农业科学院科技创新工程办公室启动了由环保所生物多样性与生态农业团队牵头，中国农业

科学院10个专业研究所、14个创新团队以及地方3个科研单位和2个推广单位共同实施的“丹江口水源涵养区绿色高效农业技术创新集成与示范”协同创新项目。经过4年攻关，项目建立了“国家级科技创新团队+省地市级科研团队+地方政府+经营主体”协同工作机制，构建了水源涵养区绿色高效农业技术体系，重点围绕生物多样性保护、土壤固碳培肥、高产优质高效、病虫害绿色防控、环境保护与修复等内容，创新发展了集约化农田生物多样性利用与生态强化等十大技术模式和100项绿色高效农业生产技术，形成了可落地、可复制、可推广的实用技术和成功经验。

“丹江口水源涵养区百项绿色高效农业生产技术”的编辑成册，目的是使农业绿色高效实用技术的交响组歌在乡村生根、开花、结果，形成星火燎原之势，加快推进丹江口水源涵养区农业绿色高质量发展，取得更大经济、社会和生态综合效益。

中国农业科学院科技创新工程协同创新任务

----丹江口水源涵养区绿色高效农业技术创新集成与示范

（CAAS-XTCX2016015）（2017-2020）

丹江口水源涵养区

百项绿色高效农业生产技术

2020年1月

图8-48　项目百项绿色高效生产技术

第49期（发布于2020年9月15日）

单位：沼科所

主题：沼科所张敏一行到十堰和安康项目示范区开展农村生活垃圾分类和资源化利用培训会

9月8—11日，中国农业科学院科技创新工程协同创新任务“丹江口水源涵养区绿色高效农业技术创新集成与示范”子任务五“水源涵养区分散式生活污染物控制技术研究”成员单位沼科所张敏、潘科高级工程师和葛一洪博士赴十堰和安康，在十堰开展农村生活垃圾和厕所革命培训会，在安康开展了农村生活垃圾分类和资源化利用培训会。

9日，在十堰农科院肖能武总农艺师、中药材研究所所长周明和农艺师李坤的陪同下，赴郧县心怡蔬菜专业合作社，仔细考察并询问了尾菜厌氧消化沼气工程的运行情况，针对如何高效利用沼气工程处理尾菜及如何管理沼气工程使其长效运行进行了细致交流，安排了下一步沼气工程厌氧消化的试验工作。在十堰农科院柳陂基地举行了农村生活垃圾和厕所革命培训会，并赠送了《农村生活垃圾处理政策与知识问答》100本，潘科高级工程师作了农村厕所革命及生活污水处理技术与模式的报告，葛一洪博士作了我国农村生活垃圾特性、分类及处理技术的报告，参加培训会的有十堰农科院院领导、职工和附近村民代表，共计70余人。培训会得到与会人员的高度认可，认为通过培训，拓宽了视野，开展乡村环境治理是非常必要的。

10日，在十堰农科院纪委书记封海东的陪同下，参观考察了十堰市餐厨处理工程，针对现有问题提出了整改建议，并与十堰市东风环保工程有限公司相关负责人进行了座谈，就合作研究沼渣沼液综合利用达成共识。

11日，在富硒院唐德剑副主任陪同下，在示范区明星村举行了石泉县农村生活垃圾分类和资源化利用现场培训会，并赠送了《农村生活垃圾处理政策与知识问答》100本，葛一洪博士从“农村生活垃圾的特性”“农村生活垃圾分类方法”“农村生活垃圾处理技术模式”等几个方面做了现场报告。参加培训会的还有石泉县农业农村局、住房和城乡建设局、池河镇等有关部门负责人以及明星村村民代表，共计30余人。

此次赴十堰和安康项目示范区开展农村生活垃圾分类和资源化利用培训会，得到了十堰农科院和富硒院各位领导的鼎力配合，共同推进了协同创新任务的落实，达到了预期效果。

考察尾菜厌氧消化沼气工程

十堰农科院柳陂基地现场培训

发放技术手册

安康石泉明星村现场培训会

图8-49　沼科所垃圾分类及资源化利用技术培训

第50期（发布于2020年11月16日）

单位： 环保所

主题： 环保所为湖北十堰、陕西安康项目示范区开展水源涵养区分散式生活污染物控制技术培训会

11月16日，中国农业科学院科技创新工程协同创新任务“丹江口水源涵养区

绿色高效农业技术创新集成与示范”子任务五“水源涵养区分散式生活污染物控制技术研究”负责人陈畊圳高级工程师和骨干陈栋凯为十堰、安康项目示范区进行了农村人居环境问题及整治技术要求的专题培训，并对农村“厕所革命”如何实现粪污无害化及资源化利用做了专题报告。

根据陕西、湖北当地新型冠状病毒防疫政策要求，协同创新子任务五的培训会采用“实地讲解+网络培训+异地邮寄”的方式开展宣传。通过邮寄方式将“以科技创新促农村人居环境整治”和“农村散户黑灰水就地处理与利用技术模式”宣传册发放到项目示范区村民手中。11月16日上午，技术专家在天津地区实地讲解，并开展陕西安康、湖北十堰、项目群技术及管理人员等多个会场同步腾讯会议培训（会议名称：水源涵养区分散式生活污染物质控制技术培训会；会议ID：835 480 042）。会议由环保所生态循环农业研究中心副主任赵建宁主持，由陈畊圳高级工程师做关于“农村人居环境存在问题与技术需求”培训报告、陈栋凯做“农村厕所粪污无害化处理与资源化利用指南、技术模式及典型案例”培训报告。十堰农科院总农艺师肖能武、十堰农科院中药材所所长周明、富硒院副主任唐德剑等领导共近300人参加了宣传培训会。

宣传培训会上，陈畊圳就农村人居环境现存的问题强调要大力实施农村人居环境整治工作，以建设美丽宜居乡村为目标，以农村垃圾、厕所粪污、生活污水治理和村容村貌提升为主攻方向，从强化顶层设计入手，制定科学合理的规划，有效整合各种资源，强化各项举措，同时加大资金投入，完善基础设施，实现技术与模式的创新，为农村人居环境整治提供保障。其中，农村生活垃圾要实现收起来、运出去、处置好，完善农村生活垃圾收运体系和终端处理设施；农村生活污水要立足于有需求、建设施、运行好，强化规划引领，有序实施，探索出一批适合当地的好技术、好模式，并做好建管结合，同步推动；农村厕所要因地制宜、先易后难、分类推动，加强质量把关和监管机制以及粪污的资源化利用等。切实解决农村人居环境整治中存在的突出问题。

陈栋凯介绍了无害化厕所的技术类型，以及水冲式厕所粪污分散处理利用、水冲式厕所粪污集中处理利用、卫生旱厕粪污处理利用、简易旱厕粪污处理利用4种主要方式，介绍了政府全程管理、引入第三方专业服务组织、委托新型农业经营主体、依托村集体、农户自用5种运行机制，强调要确保无害化处理效果、坚持与农业生产相结合、加强运行维护、逐步开展风险监测评价。使村民确实了解到粪污无害化的重要性和实施方式。

此次十堰、安康项目示范区农村人居环境技术要求线上宣传培训会议，得到了十堰市、安康市各位领导和项目村村民的鼎力配合，共同推进了协同创新任务的落实，达到了预期效果。

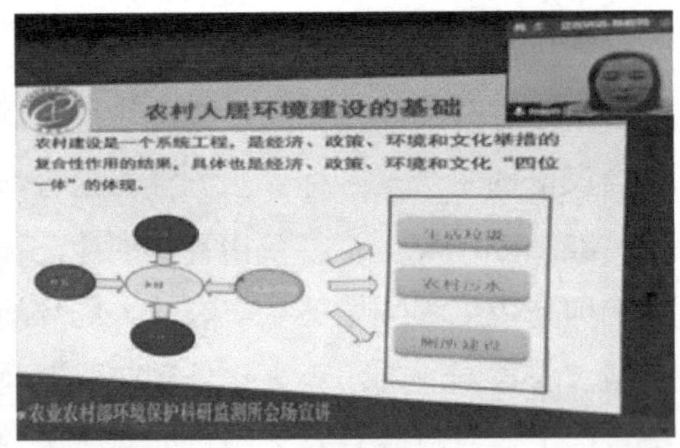

图8-50　分散式生活污染物控制技术培训会

第51期（发布于2021年1月6日）

单位： 环保所

主题： “丹江口水源涵养区绿色高效农业技术创新集成与示范”机制创新取得进展

以区域农业绿色高效可持续发展和持续脱贫为目标，改变以往生态农业技术“单兵作战”的形式，打破部门、学科、单位界限，跨学科、跨领域，创新国家级科技创新团队、省地市级科研团队、科研推广单位、现代经营主体上下同欲、彼此尊重、反复互动的协同机制，为区域产业精准扶贫和农业绿色高效发展提供技术支撑。牵头单位制定《环保所协同创新任务运行管理办法》（农科环保办〔2015〕65号），协助单位下发《关于加强“丹江口水源涵养区绿色高效农业技术创新集成与示范”项目组织管理的通知》（十农科〔2017〕9号）、《关于做好院协同创新项目“丹江口水源涵养区绿色高效农业技术创新集成与示范”安康试验示范区建设有关工作的通知》（安农业发〔2017〕29号）、《关于在十堰市推广百项绿色高效生产技术的通知》（十农计〔2020〕1号）、《关于中国农科院科技创新工程协同创新项目——丹江口水源涵养区绿色高效农业技术创新集成与示范（CAAS-XTCX2016015）百项绿色高效生产技术成果发布的通知》（安农院字〔2020〕48号），有效地集中了中央地方的科研力量和攻关的强度，真正实现了院地协同创新。

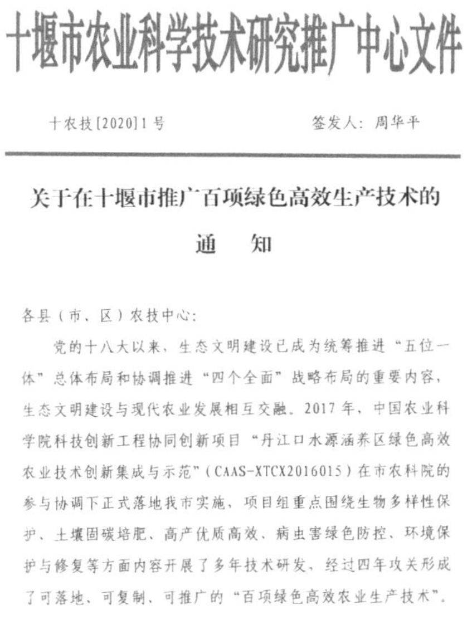

十堰市农业科学技术研究推广中心文件

十农技[2020]1号　　签发人：周华平

关于在十堰市推广百项绿色高效生产技术的

通　知

各县（市、区）农技中心：

党的十八大以来，生态文明建设已成为统筹推进“五位一体”总体布局和协调推进“四个全面”战略布局的重要内容，生态文明建设与现代农业发展相互交融。2017年，中国农业科学院科技创新工程协同创新项目“丹江口水源涵养区绿色高效农业技术创新集成与示范”（CAAS-XTCX2016015）在市农科院的参与协调下正式落地我市实施，项目组重点围绕生物多样性保护、土壤固碳培肥、高产优质高效、病虫害绿色防控、环境保护与修复等方面内容开展了多年技术研发，经过四年攻关形成了可落地、可复制、可推广的“百项绿色高效农业生产技术”。

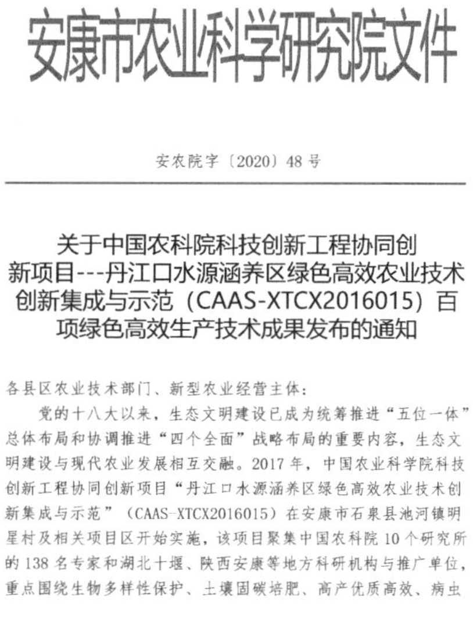

安康市农业科学研究院文件

安农院字〔2020〕48号

关于中国农科院科技创新工程协同创新项目---丹江口水源涵养区绿色高效农业技术创新集成与示范（CAAS-XTCX2016015）百项绿色高效生产技术成果发布的通知

各县区农业技术部门、新型农业经营主体：

党的十八大以来，生态文明建设已成为统筹推进“五位一体”总体布局和协调推进“四个全面”战略布局的重要内容，生态文明建设与现代农业发展相互交融。2017年，中国农业科学院科技创新工程协同创新项目“丹江口水源涵养区绿色高效农业技术创新集成与示范”（CAAS-XTCX2016015）在安康市石泉县池河镇明星村及相关项目区开始实施，该项目聚集中国农科院10个研究所的138名专家和湖北十堰、陕西安康等地方科研机构与推广单位，重点围绕生物多样性保护、土壤固碳培肥、高产优质高效、病虫

图8-51　项目技术推广相关文件

第52期（发布于2021年1月7日）

单位：环保所

主题：“丹江口水源涵养区绿色高效农业技术创新集成与示范”理论研究取得进展

丹江口水源涵养区长期粗放的农业生产方式导致区域农业农村发展不可持续。供水安全、乡村振兴、脱贫致富迫切需要丹江口水源涵养区农业农村发展全面转型升级。中国农业科学院科技创新工程协同创新任务“丹江口水源涵养区绿色高效农业技术创新集成与示范”坚持以问题为导向，面向区域产业需求，突破区域农业绿色高质量发展理论研究，从水源涵养区生物多样性保护、土壤固碳培肥、高产优质高效、病虫害绿色防控、环境保护与修复等方面精选项目文章19篇出版《丹江口水源涵养区绿色高效农业技术创新集成与示范》专刊；从水源涵养区主要农作物种植技术、废弃物循环利用、农村生活垃圾处理方面主编出版《丹江口水源涵养区主要农作物绿色高效生产技术》《茶园防灾减灾实用技术》《农村垃圾处理政策与知识问答》著作3部，参编著作3部。另外，累计发表中英文科技论文60余篇。

图8-52 项目产出的专刊与著作

图8-52　（续）

第53期（发布于2021年2月3日）

单位：十堰农科院

主题：十堰农科院在谭家湾核心示范区组织召开2021年示范区工作推进会

1月13日，为扎实推动中国农业科学院协同创新项目“丹江口水源涵养区绿色高效农业技术创新集成与示范”更高标准地实施，按照项目总体设计和任务目标及分工，十堰农科院总农艺师肖能武组织各子项目骨干专家在十堰市郧阳区谭家湾核心示范区召开2021年工作推进会。

各子任务对接团队结合示范区试验示范工作总结汇报了2020年项目执行情况、存在的问题及2021年工作计划。与各团队深入交流后，肖能武指出，中国农业科学院协同创新项目的实施，为十堰农业产业注入了生态高效的发展活力和循环再生的内生动力，是推动丹江口库区绿色农业高质量发展的强劲催化剂。各子任务对接团队要以项目实施为契机，落实好以下工作：一是要严格按照项目设计内容和任务目标，各司其职，各尽其责，做实做细试验示范，保质保量完成示范区建设任务；二是要切实发挥中国农业科学院科技研发与市场经营主体之间成果转化的桥梁纽带作用，聚焦聚力精心打造若干个科技引领产业高效发展的示范样板，巩固和拓展项目建设的社会影响；三是要主动加强与对接团队的常态化业务交流，围绕丹江口库区农业发展的迫切技术需求，创造机会联合开展延展性科技攻关，提升自主研发能力。

推进会后，十堰农科院专家还组织召开了现场培训会，向项目区周边果农讲解、示范了突尼斯软籽石榴、汉江樱桃、黄桃、葡萄等作物冬季修剪与肥水管理技术。

图8-53　果树管理现场培训

第54期（发布于2021年4月7日）

单位：环保所

主题：“丹江口水源涵养区绿色高效农业技术创新集成与示范”2021年工作推进会在天津召开

4月7日，中国农业科学院科技创新工程协同创新任务“丹江口水源涵养区绿色高效农业技术创新集成与示范”2021年工作推进视频会在天津召开。任务牵头单位环保所副所长周其文、科研处处长周莉、技术总师杨殿林研究员，子任务一“水源涵养区生物多样性利用及农田生态景观构建技术”负责人环保所赵建宁研究员，子任务二“水源涵养区农田绿色高效种植关键技术研究”负责人资划所李虎研究员，子任务三“水源涵养区养殖业废弃物高效循环利用关键技术与设备研发”负责人环保所杜连柱研究员，子任务四“水源涵养区生态型高效设施农业技术集成”负责人植保所刘新刚研究员，子任务五“水源涵养区分散式生活污染控制技术研究”负责人环保所陈咄圳高级工程师，子任务六“水源涵养区绿色高效农业系统评价体系与保障机制研究”负责人环保所黄治平副研究员，子任务七“水源涵养区绿色高效农业技术集成与示范”负责人环保所张艳军副研究员参加了会议。

会上，首先由7位子任务负责人先后汇报各子任务2020年工作进展与任务完成情况，并对照“丹江口水源涵养区绿色高效农业技术创新集成与示范2021年工作要点”提出2021年工作计划与重点；接着由赵建宁研究员对项目核心示范区2021年现场会进行工作安排；然后由张艳军副研究员对项目结题验收工作做提前准备与部署；最后，技术总师杨殿林研究员报告了项目的整体进展、存在的问题以及下一步工作重点和目标，指出各团队要坚持任务导向，切实落实承担单位和任务负责人的主体职责，重点解决丹江口流域果、茶、桑、菜、魔芋等优势特色农业发展的关键问题，加强各子任务所承担的试验监测与示范数据的效果分析，提高产品、技术、装备在生产实践中试验示范效益的展示度。此外，积极做好“十四五”项目立项与发展的准备，支撑十堰、安康联合成立丹江口区域现代农业产业研究院。

项目汇报结束后，副所长周其文代表协同创新任务牵头单位讲话。感谢了中国农业科学院10余兄弟院所和十堰、安康地方院所对项目的大力支持与配合，高度评价了项目取得的成效。要求进一步聚焦目标与任务，完善核心示范区现场，梳理技术成果，形成可复制可推广的轻简化技术模式，筹备好2021年现场会。指出，项目要继续提炼原始理论创新、产品技术集成融合，加强培训宣传推动关键产品、技术、装备的落地与推广，结合项目原定目标进一步凝练丹江口流域农业绿色高质量发展的卡脖子技术，拓展并加深与地方农业社会经济的合作。

安康农科院和十堰农科院各对接团队负责人均表示一定按照各子任务的规划和目标，加快试验示范工作布局，推动现场会有序筹备，确保现场会的质量与效果。提出项目总结要紧扣“绿色、高效、创新、集成”，凝练项目标志性成果，打通区域优势种植业高质高效栽培、病虫害绿色防控和农产品精深加工技术应用推广技术障碍，推动丹江口水流域面源污染防控和助力脱贫攻坚工作。同时，要把项目验收与“十四五”区域重大科技规划有机衔接起来，做好项目顶层设计，争取新一轮协同创新项目支持。

此次工作推进会得到了富硒院李珺主任，安康农科院院长张百忍研究员及下属研究所负责人，十堰农科院院长周华平研究员、总农艺师肖能武研究员及下属研究所负责人，项目技术骨干和相关专家的鼎力配合，达到了预期效果。

项目汇报及工作安排

环保所副所长周其文讲话与指导

十堰农科院院长周华平讲话

安康农科院院长张百忍讲话

图8-54　项目2021年工作推进会

第55期（发布于2021年5月10日）

单位：环保所

主题：“丹江口水源涵养区绿色高效农业技术创新集成与示范”项目2021年试验示范工作深入推进

4月26—30日，中国农业科学院科技创新工程协同创新任务“丹江口水源涵养区绿色高效农业技术创新集成与示范”（CAAS-XTCX2016015）技术总师环保所杨殿林研究员，子任务一“水源涵养区生物多样性利用及农田生态景观构建技术”负责人环保所赵建宁研究员，子任务二“水源涵养区农田绿色高效种植关键技术研究”负责人资划所李虎研究员，子任务三“水源涵养区养殖业废物高效循环利用关键技术与设备研发”负责人环保所杜连柱研究员，子任务七“水源涵养区绿色高效农业技术集成与示范”负责人环保所张艳军副研究员、谭炳昌助理研究员深入陕西安康、湖北十堰项目核心示范区开展试验示范工作，并就项目2021年现场会、示范推广、成果总结、项目验收等内容与项目对接单位进行了深入的交流研讨。

项目组专家先后深入陕西安康石泉项目核心示范区、湖北十堰谭家湾核心示范区，对照任务总体设计方案，逐项核实各项建设目标完成情况，查摆项目运行中存在的突出问题和进一步深入推进的对策措施，并就召开现场观摩会以及下一步的工作进行交流和研讨。

交流会上，子任务负责人分别汇报了关于下一步试验示范的想法和建议。杨殿林指出，项目成果要在系统凝练工作亮点的基础上体现实效，重点围绕果菜茶产业及种养一体化，在突出绿色高效生产体系的构建与产业化应用上下功夫，突出产品、机械和技术集成创新，构建中国农业科学院各相关研究所、中国农业科学院与地方农业科学院、区域上游安康农科院和下游十堰农科院多方协同攻关机制。

项目组在深入实地调研和试验示范工作后，与安康农科院、十堰农科院领导和专家就项目核心示范建设及运行状况，以及进一步加大项目成果推广力度进行了深入的讨论交流，提出了的高标准推进的具体目标和措施。

安康农科院和十堰农科院各对接团队负责人均表示要按照子任务的整体规划和年度目标，加快示范工作布局，确保现场会工作质量和效益。一是在紧扣“绿色、高效、创新、集成”几个关键点的基础上，高标准拓展项目成果；二是要把项目验收与“十四五”区域重大科技规划有机衔接起来，突出项目设计的前瞻性，为争取新一轮协同创新项目奠定基础。

此次试验示范工作得到了富硒院李珺主任、安康农科院院长张百忍、安康市石泉县委党委徐家彦副县长；十堰农科院院长周华平，总农艺师肖能武及有关所属研究所各子任务主要对接的领导、专家的鼎力配合，达到了预期效果。

安康明星村核心示范区多样化种植

明星村万亩桑园生态廊道

安康农科院中药材种质资源圃

安康农科院猕猴桃种质资源圃

图8-55　环保所推进项目区2021年试验示范

十堰谭家湾流域畜禽粪污源头控制

谭家湾流域畜禽粪污中段茶园消纳利用

谭家湾核心示范区生物多样化种植景观

谭家湾生态菜园尾菜发酵资源化利用

谭家湾核心示范区饲用苎麻种植

十堰农科院工作对接会

图8-55　（续）

第56期（发布于2021年5月14日）

单位：环保所

主题：环保所专家深入湖北十堰谭家湾核心示范区开展试验示范工作

5月11—12日，中国农业科学院科技创新工程协同创新任务“丹江口水源涵养区绿色高效农业技术创新集成与示范”子任务五“水源涵养区分散式生活污染物控制技术研究”负责人陈昢圳高级工程师和课题骨干陈栋凯、子任务六“水源涵养区绿色高效农业系统评价体系与保障机制研究”负责人黄治平副研究员赴十堰项目核心示范区开展试验示范，并就如何推进课题的验收工作与对接单位进行了深入的交流研讨。

陈昢圳高级工程师、黄治平副研究员深入十堰市郧阳区谭家湾项目核心示范区进行入户问访、实地调研，十堰农科院总农艺师肖能武、中药材研究所所长周明华等参加了本次活动。陈昢圳高级工程师等一行人对项目示范区中分散生活污水处理设备运行及污水就地消纳的示范影响进行了现场勘察，另外也对项目区附近农户改厕现状、厕所使用情况和厕所粪污出水排放情况进行实地调研。黄治平副研究员针对厕所粪污一体化处理设备的示范工作进行了下一步布置安排。此外，陈昢圳高级工程师、黄治平副研究员一行还对项课题中“水肥沼液一体机”的示范建设进行了调研和勘察。实地调研和考察结束后，一同在五道岭村村委会，与十堰农科院总农艺师肖能武、中药材研究所所长周明、村领导干部就课题示范建设的运行状况、应用效果进行了深入的讨论交流、意见交换，提出了进一步的改进措施。

项目区周边农户厕所使用状况调研

五道岭村委会讨论交流

图8-56　生活污水处理示范

生活污水处理设备运行

图8-56　（续）

此次实地调研、考察以及课题的下一步工作安排，得到了十堰农科院各位领导的鼎力配合，共同推进了协同创新任务验收前的工作部署，达到了预期效果。

第57期（发布于2021年6月15日）

单位：植保所

主题：“丹江口水源涵养区生态型高效设施农业技术集成”项目推进会在十堰召开

6月7日，中国农业科学院科技创新工程协同创新任务“丹江口水源涵养区绿色高效农业技术创新集成与示范”子任务四负责人刘新刚研究员邀请植保所郑永权研究员、蒋红云研究员、安徽省农业科学院植物保护与农产品质量安全研究所高同春研究员前往十堰市共同指导推进水源涵养区生态型高效设施农业技术集成与示范工作。

十堰农科院相关院领导及项目负责人汇报了项目实施以来的任务进展及效果，刘新刚研究员介绍了项目现阶段的成果并对后期工作提出规划。双方就项目实施情况和现阶段遇到问题进行交流讨论，并前往十堰市郧阳区柳陂镇调研了设施蔬菜病虫害的发生情况，指导当地农户开展病虫害绿色防控。

设施蔬菜目前是十堰市蔬菜生产的主要方式，是水源区周边农民增收的重要途径，但面对蔬菜病虫害的频繁发生、土壤生产力的逐年降低，当地一直采用大量使用化学农药、超量使用化肥的方式应对。这将容易造成水源区生态环境污染和蔬菜农药残留超标等问题。生态型高效设施农业技术的集成与示范能够在实现农药减施增效的基础上，促进设施蔬菜病虫害防治技术规范化和标准化，形成丹江口水源涵养区生态型高效设施农业技术体系，加快当地农业转型升级。

此次工作推进会，总结了子任务四在前期工作中的进展，明确了2021年的工作目标，落实了实施方案，为协同创新任务总目标的圆满完成奠定了重要基础。

图8-57　生态型高效设施农业技术集成与示范

第58期（发布于2021年7月7日）

单位：环保所

主题：“丹江口水源涵养区绿色高效农业技术创新集成与示范”项目推进会在天津召开

7月7日，中国农业科学院科技创新工程协同创新任务“丹江口水源涵养区绿色高效农业技术创新集成与示范”项目推进会在天津召开。项目办公室主任、环保所所长刘荣乐，科研处处长周莉，技术总师杨殿林研究员，子任务一“水源涵养区生物多样性利用及农田生态景观构建技术”负责人环保所赵建宁研究员，子任务五“水源涵养区分散式生活污染控制技术研究”负责人环保所陈晊圳高级工程师，子任务六“水源涵养区绿色高效农业系统评价体系与保障机制研究”负责人环保所黄治平副研究员，子任务七“水源涵养区绿色高效农业技术集成与示范”技术骨干张海芳助理研究员，十堰农科院院长周华平、总农艺师肖能武、科教科科长郭元平参加了会议。

首先，技术总师杨殿林研究员介绍了项目实施以来在水源涵养区绿色高效农业应用基础研究、技术研发、产品创制、技术体系构建和项目组织管理与机制创新上取得的重要进展，剖析了项目存在的问题以及下一步工作重点和目标，要求各团队要坚持任务导向，切实落实承担单位和任务负责人的主体职责，重点解决丹江口水源涵养区果、茶、桑、魔芋等优势特色农产品绿色高效农业发展的关键问题，加强各子任务所承担的试验监测与示范数据的效果分析，提高产品、技术、装备在生产实践中试验示范效益的展示度，凝练亮点培育重大成果，积极做好“十四五”项目立项与发展的准备，支撑水源涵养区农业绿色高质量可持续发展。

项目办公室主任刘荣乐所长对项目和协同单位团队和专家的大力支持与配合表示感谢，肯定了项目取得的成效，要求项目进一步聚焦目标与任务，完善项目核心示范区现场，梳理关键技术成果，形成可复制可推广的轻简化技术模式，做好亮点成果交流与宣传。强调项目要努力创新绿色循环生态农业原始理论、创制产品设备、创新技术体系模式，加强培训宣传推动关键产品、技术、装备的落地与推广，拓展并加深与地方农业社会经济的全方位合作，院地合作取得实效。

十堰农科院院长周华平、安康农科院院长张百忍分别代表项目核心区单位讲话，表示进一步紧扣“绿色、高效、创新、集成”提炼项目关键成果，按照协同创新任务的规划和目标，做好试验示范和技术推广工作，打通水源区种植业高质高效栽培、病虫害绿色防控和农产品精深加工技术应用推广的障碍，确保成果交流质量与效果，为水源涵养区绿色高效农业发展提供有效技术支撑和示范样板。并强调项目与“十四五”区域重大科技规划的有机衔接，做好项目顶层设计，争取新一轮协同创新项目支持。

图8-58　项目推进会

第59期（发布于2021年7月25日）

单位： 环保所

主题： “丹江口水源涵养区绿色高效农业技术创新集成与示范试验示范”工作有序推进

7月15—18日，“丹江口水源涵养区绿色高效农业技术创新集成与示范”任务技术总师杨殿林研究员，子任务一“水源涵养区生物多样性利用及农田生态景观构建技术”负责人环保所赵建宁研究员，子任务七“水源涵养区绿色高效农业技术集成与示范”负责人环保所张艳军副研究员等，深入十堰核心示范区，对照任务总体设计方案，现场逐项核实各单项技术试验成效及模式集成综合效益情况，查摆项目运行中存在的突出问题和进一步深入推进的对策措施，并就项目凝练提升成果、项目验收、下一步继续创新攻关方向与着力点、成果推广等进行了深入的交流研讨。

在十堰核心示范区，项目构建猕猴桃果园、茶园、菜园、桑蚕、魔芋等不同类型农田生态强化技术体系，创新集成不同作物绿色高产高效栽培技术；集成构建废弃物减量化和高效收集体系；构建简便高效、经济实用的全程绿色防控模式；集成并建设生活污水处理示范工程与设备设施、生活垃圾处理示范工程与设备设施；持续监测丹江口水源涵养区农业面源污染过程和趋势，探索水源地保护与农业绿色高质量发展的协同发展途径；提出区域生态农业红色绿色清单，编写区域不同尺度（农户、农场、村级）生态农业操作指南，基于技术实施区域生态系统服务功能变化，提出区域农业生态补偿标准；编制生态养殖与畜禽废弃物综合利用、农田面源污染防控技术、主要作物病虫害绿色防控技术手册，开展技术培训。创新集成技术在核心示范区示范，在生产中大面积推广应用，取得了显著的经济、社会和生态效益。

在汇报交流会上，子任务负责人分别汇报了各自技术在项目区的试验示范效果、亮点成果，以及下一步成果凝练与总结宣传的想法和建议。技术总师杨殿林研究员总结已建立的中国农业科学院相关研究所农产品全产业链各学科协同、中国农业科学院与地方农业科学院协同、区域上游和下游协同等多层次协同攻关的工作机制，要求各单位各团队要在系统凝练工作亮点的基础上体现经济、生态和环境效益实效，重点围绕果菜茶产业及种养一体化，在突出绿色高效生产体系的构建与产业化应用上下功夫，突出新产品、新设备和新集成模式，为水源涵养区农业绿色可持续发展做好科技支撑。

十堰农科院各对接团队负责人也对照任务的整体规划和总体目标，落实和规范项目区功能布局，突出技术亮点与实效进行了汇报。十堰农科院院长周华平研究员强调项目紧扣“绿色、高效、创新、集成”，下一步要高标准拓展项目成果，加大推广应用的力度，把项目总结与“十四五”区域重大科技项目设计有机衔接起来，为争取新一轮协同创新项目奠定基础。

现场工作推进得到了十堰农科院院长周华平、总农艺师肖能武及有关所属研究所各子任务主要对接的领导、专家的鼎力配合，达到了预期效果。

畜禽粪污源头控制

畜禽粪污发酵利用

猕猴桃园覆草

生态茶园种植模式

果园立体种养模式

项目交流研讨会

图8-59　绿色高效农业技术创新集成与试验示范

第60期（发布于2021年10月22日）

单位： 环保所

主题： “陕西省魔芋产业高质量发展研讨会”在安康召开

10月18—19日，由陕西省魔芋产业技术体系、陕西省科技特派员魔芋产业技术服务团、环保所和安康农科院主办，旬阳市农业农村局和旬阳市农业技术推广站承办的“陕西省魔芋产业高质量发展研讨会”在旬阳市举行，中国农业科学院科技创新工程协同创新任务“丹江口水源涵养区绿色高效农业技术创新集成与示范”项目技术总师杨殿林研究员做“应用生态系统方法推进农业生物多样性保护和农田生态系统健康管理主流化引领魔芋产业绿色高质量发展”的主题报告。研讨会还邀请了陕西科技大学李洋教授、李彦军教授和安康农科院段龙飞农艺师分别做“农业废弃物肥料化利用技术”“魔芋产品开发及市场发展新动向”“魔芋种质资源利用与育种研究进展”的报告。参加本次研讨会的还有安康市科学技术局副局长谢勇、安康市农业农村局副局长孙自余、旬阳市副市长杨居侨，陕西省魔芋产业技术体系岗位专家及团队成员、省科技特派员魔芋服务团团员、安康市基层农技员等100余人参加会议。

会后，项目技术总师杨殿林研究员和富硒院李珺主任、安康农科院院长张百忍、书记周仕成等领导和专家一起，实地调研汉阴中坝千亩猕猴桃基地、汉阴县前进村猕猴桃新建园区、安康农科院魔芋种质资源圃、魔芋种芋繁育圃、珠芽魔芋设施化栽培试验、安康魔芋博物馆、桑海金蚕多样化植被景观构建、桑树立体种植、桑副产品加工、魔芋生态种植、养殖业废弃污染物资源化利用等项目实施情况，并与各子任务项目实施技术人员就魔芋病虫害绿色防控、猕猴桃绿色高效生产技术创新、桑园生态多样性保护、桑副产品的综合利用与开发以及中药材、食用菌等试验示范工作进展、存在的问题和下一步工作进行了深入交流和讨论。双方表示继续扎实推进项目的成果凝练和大面积推广应用工作，通过生态环境保护与绿色高效的特色农业发展有机结合，促进丹江口水源涵养区绿色高效农业发展，带动区域农民增产增收，确保一江清水永续北上。

研讨会开幕式

杨殿林研究员培训报告

安康农科院

安康魔芋博物馆

明星村核心示范区

石泉县佰信生物有机肥厂

图8-60　陕西省魔芋产业高质量发展研讨会

第61期（发布于2021年10月27日）

单位：茶叶所

主题：院地群策群力，茶叶所推进中国农业科学院协同创新任务“丹江口水源涵养区绿色高效农业技术创新集成与示范”工作

10月19—22日，中国农业科学院科技创新工程协同创新任务“丹江口水源涵养区绿色高效农业技术创新集成与示范”子任务二参加单位——茶叶所与安康农科院举办“2021年安康市基层农技人员茶叶培训班”。

培训会上，颜鹏副研究员做“生态茶园绿色高效栽培技术”讲座。剖析了安康市茶叶生产现状和茶叶发展迫切需求，一是近年来安康市茶叶遭受“倒春寒”天气，茶叶产量和品质均受到严重影响，二是茶园衰老低产茶园急需技术改造，以及茶园草害严重，人工除草成本高。从茶园防灾方面指导大家开展茶园防灾减灾，尤其是“倒春寒”天气发生情况下如何采取应对措施，降低茶园经济损失。从茶树修剪和蓬面管理方面指导做好幼龄茶园的定形修剪以及低产茶园的技术改造。在杂草防控方面，分别从机械化除草代替人工除草以及茶园种植鼠茅草、黑麦草等优良草种，实现以草控草的同时改善茶园土壤质量和土壤小气候环境，促进茶树生长。

培训班后，颜鹏副研究员到茶园就具体的茶园秋冬季管理、茶品加工与参加培训的学员进行了指导和交流互动。

本次活动受到安康农科院和平利县田珍茶业的大力支持。在此期间，安康农科院茶叶所所长刘运华、副所长王朝阳等专家积极参与讨论，给予了大力支持，积极推动试验研究与示范推广。

图8-61　茶叶所生态茶园技术培训

第62期（发布于2022年5月10日）

单位：环保所

主题：“丹江口水源涵养区绿色高效农业技术创新集成与推广应用”成果鉴定会在天津召开

近日，“丹江口水源涵养区绿色高效农业技术创新集成与推广应用”成果鉴定会在天津举行。天津技术产权交易有限公司主持鉴定会，鉴定委员会由南开大学朱琳教授、天津大学余光辉教授、天津师范大学多立安教授、天津理工大学冯炘教授、天津农学院刘惠芬教授、天津市农业资源与环境研究所高贤彪研究员、天津市农业质量标准与检测技术研究所郑贵忠研究员组成。在听取汇报、查阅有关技术资料以及质疑答辩后，鉴定委员会对成果进行了评议，并提出鉴定意见。

该项目在中国农业科学院科技创新工程协同创新任务“丹江口水源涵养区绿色高效农业技术创新集成与示范”等项目支持下，由环保所牵头，联合资划所、植保所、蔬菜所、饲料所、茶叶所、麻类所、郑果所、农机化所、沼科所与十堰农科院、安康农科院、富硒院、石泉县农业技术推广站和十堰市郧阳区农业技术推广中心等地方科研、推广机构和企业共同协作，按照单一技术规范化、复合技术集成化、体系技术系统化的思路，创新集成水源涵养区农业生物多样性保护与生态田园系统构建、种养耦合、改土培肥固碳、流域氮磷减排与总量面源污染控制、作物病虫害绿色防控等关键技术，推动建立富硒茶、猕猴桃、魔芋、桑全产业链绿色高效技术体系。项目新选育猕猴桃、魔芋、饲用苎麻等特色作物新品种5个，创制了微生物杀菌剂、环境除臭剂、新型茶树专用复合肥等新产品6个，研制了牵引式魔芋收获机、尾菜厌氧消化沼气装备、轮式自走式固体有机肥撒施机、移动式沼液灌溉车和沼液安全精准施用控制装置5套，优化茶、桑产品加工工艺2套；制定行业和地方标准10项，授权专利43项；培育和支持相关企业45家，培训农技人员和新型经营主体农民5 200人次。发表论文55篇，出版著作6部。相关技术在湖北和陕西18个县区大面积推广应用。

环保所周莉处长介绍了成果的背景和项目来源等情况。项目技术总师杨殿林研究员，赵建宁研究员、张艳军副研究员、王慧副研究员、刘红梅副研究员、张海芳助理研究员相关任务负责人和技术骨干等参加了成果鉴定会并回答了专家提问。

鉴定委员会一致认为该研究紧密结合水源涵养区农业绿色高质量发展实际需求，设计合理、数据详实、效益显著，研究成果为保障南水北调中线水质安全和推动区域农业绿色高质量发展以及农民增收、区域脱贫攻坚提供了有效技术支撑，产生了显著的经济、社会和生态效益。

图8-62　成果鉴定会

参考文献

曹铨, 沈禹颖, 王自奎, 等, 2016. 生草对果园土壤理化性状的影响研究进展[J]. 草业学报, 25 (8) : 180-188.

陈灿, 陈海霞, 2015. 白及繁殖研究进展[J]. 湖南农业科学 (5) : 135-137, 141.

陈和涛, 2017. 桑树在陕南生态建设中的作用: 以安康市为例[J]. 北方蚕业, 38 (1) : 45-47.

陈咄圳, 郑向群, 华进城, 2019. 不同污染负荷对废砖垂直流人工湿地处理农村生活污水的影响[J]. 生态环境学报, 28 (8) : 1683-1690.

陈涛, 2012. 中国蚕桑产业可持续发展研究[D]. 重庆: 西南大学.

陈文, 刘晓, 孙光闻, 等, 2017. 生物有机肥和EM菌剂对菜园连作土壤微生物的影响[J]. 热带农业科学, 37 (4) : 57-62.

陈玉谷, 刘作绚, 万秀林, 1988. 采用生物技术处理住宅生活污水的试验研究[J]. 四川环境, 7 (2) : 1-7.

陈子爱, 施国中, 熊霞, 2020. 厌氧消化技术在农村生活污水处理中的应用[J]. 农业资源与环境学报, 37 (3) : 432-437.

崔静平, 白善军, 2016. 果桑研究现状与开发利用潜力[J]. 长江大学学报 (自科版) , 13 (21) : 12-14.

崔鸣, 李川, 2009. 魔芋软腐病的发生规律及防治技术研究进展[J]. 中国植保导刊 (6) : 33-35.

崔鹏飞, 张丽琼, 柳林, 2016. 生防菌对魔芋软腐病的防治研究[J]. 陕西农业科学, 62 (8) : 34-37.

邓灿辉, 粟建光, 陈基权, 等, 2017. 黄麻吸附材料的研究及应用前景[J]. 中国麻业科学, 39 (6) : 306-311.

邓纯宝, 1982. 日本地膜覆盖栽培的现状与动向[J]. 辽宁农业科学 (3) : 50-52.

丁健, 何源, 黄治平, 等, 2021. 丹江口水源涵养区绿色高效农业技术模式评价指标体系构建[J]. 农业科学, 9 (1) : 6-13.

丁武汉, 谢海宽, 徐驰, 等, 2019. 一次性施肥技术对水稻-油菜轮作系统氮素淋失特征及经济效益的影响[J]. 应用生态学报, 30 (4) : 1097-1109.

丁自立, 万中义, 矫振彪, 等, 2014. 魔芋软腐病研究进展和对策[J]. 中国农学通报, 30 (4) : 238-241.

杜丽清, 吴浩, 郑良永, 2015. 果园生草栽培的生态环境效应研究进展[J]. 中国农学通报, 31 (11) : 217-221.

杜毅飞, 方凯凯, 王志康, 等, 2015. 生草果园土壤微生物群落的碳源利用特征[J]. 环境科学, 36 (11) : 4260-4267.

封立忠, 2005. 建立生态菜园发展蔬菜旅游经济[J]. 上海蔬菜 (4) : 3.

冯小俊, 2009. 主要栽培因素对魔芋软腐病影响的初步研究[D]. 武汉: 华中农业大学.

高丁石, 2015. 生态农业理念与实用技术[M]. 北京: 中国农业科学技术出版社.

葛一洪, 张国治, 申禄坤, 等, 2018. 丹江口水源涵养区农村生活垃圾处理现状与农民环保意识调查分析[J]. 中国沼气, 168 (6) : 96-104.

龚世飞, 丁武汉, 肖能武, 等, 2019. 丹江口水库核心水源区典型流域农业面源污染特征[J]. 农业环境科学学报, 38 (12) : 2816-2825.

古腾, 吴勇, 王橚橦, 2018. 曝气生物滤池-模块化人工湿地组合工艺处理农村生活污水[J]. 环境工程, 36 (1) : 20-24.

郭振远, 贺松年, 刘宗耀, 2010. 改进型人工快速渗滤系统除磷研究[J]. 水处理技术, 36 (6) : 116-118.

郭志彬, 王道中, 李凤民, 2013. 退化耕地转化为紫花苜蓿草地对土壤理化性质的影响[J]. 草地学报, 21 (5) : 888-894.

国家药典委员会, 2005. 中国药典: 一部[M]. 北京: 化学工业出版社.

过婉珍, 雷鹏法, 王一民, 等, 2004. 茶畜草组合型生态茶园建设[J]. 茶叶 (3) : 134-136.

韩海东, 2013. 生态茶园建设[M]. 福州: 福建科学技术出版社.

韩亚鑫, 2016. 人工快渗污水处理工艺调研及问题研究[D]. 重庆: 重庆交通大学.

何斐, 崔鸣, 2017. 魔芋软腐病生物防治研究进展[J]. 陕西农业科学, 63 (1) : 64-67.

候月卿, 赵立欣, 孟海波, 等, 2014. 生物炭和腐植酸类对猪粪堆肥重金属的钝化效果[J]. 农业工程学报, 30 (11) : 205-215.

胡风莲, 2011. 白芨的栽培管理及应用[J]. 陕西农业科学 (3) : 268-269.

胡正月, 胡美蓉, 朱一, 等, 2000. 生态果园建设与技术[J]. 江西园艺 (4) : 3-5.

黄先智, 2013. 我国蚕桑产业转型问题研究[D]. 重庆: 西南大学.

姬红利, 颜蓉, 李运东, 等, 2011. 施用土壤改良剂对磷素流失的影响研究[J]. 土壤, 43 (2) : 203-209.

籍国东, 倪晋仁, 2004. 人工湿地废水生态处理系统的作用机制[J]. 环境污染治理技术与设备, 5 (6) : 71-75.

江西省农业科学院作物研究所, 1982. 绿肥栽培与利用[M]. 上海: 上海科学技术出版社.

兰书林, 2009. 丹江口库区水源地面源污染现状与对策[J]. 农业环境与发展, 26 (3) : 66-68.

冷鹏, 张玉燕, 刘延刚, 等, 2019. 设施果菜类蔬菜根结线虫病绿色防控综合技术[J]. 长江蔬菜 (9) : 64-65.

李发林, 郑域茹, 郑涛, 等, 2013. 果园生草栽培水土保持效应研究进展[J]. 中国农学通报, 29 (34) : 34-39.

李莉, 潘坤, 丁宗庆, 2014. 南水北调丹江口库区水源地面源污染状况分析[J]. 资源节约与环保 (11) : 149-150.

李伟, 王建国, 王岩, 等, 2011. 用于防控菜地排水中氮磷污染的缓冲带技术初探[J]. 土壤, 43 (4) : 565-569.

李伟平, 何良艳, 丁志山, 2012. 白及的应用及资源现状[J]. 中华中医药学刊, 30 (1) : 158-160.

李益斌, 2018. 解磷菌改良典型重金属污染土壤的应用研究[D]. 北京: 北京有色金属研究总院.

李勇, 熊超, 胡兴明, 等, 2012. 湖北省桑园套种模式及其经济效益评价[J]. 中国蚕业, 33 (2) : 25-30.

李勇, 于翠, 邓文, 等, 2014. 桑园套种马铃薯田间优化配置模式研究[J]. 湖北农业科学, 53 (23) : 5779-5784.

辽宁省果树科学研究所, 1991. 果园土壤管理与施肥技术[M]. 沈阳: 辽宁科学技术出版社.

林琳, 2015. 微生物菌剂对污水处理厂处理效果及微生物群落的影响[D]. 哈尔滨: 哈尔滨工业大学.

凌青根, 2002. 土壤质量研究与可持续发展[J]. 华南热带农业大学学报, 8 (1) : 54-56.

刘红江, 郑建初, 陈留根, 等, 2012. 秸秆还田对农田周年地表径流氮、磷、钾流失的影响[J]. 生态环境学报, 21 (6) : 1031-1036.

刘晓, 2009. 生物有机肥对菜园土土壤肥力及菜心产量的影响[D]. 广州: 华南农业大学.

罗臣乾, 张国治, 魏珞宇, 等, 2018. 接种率对农村有机生活垃圾厌氧发酵的影响[J]. 中国沼气, 36 (2) : 61-64.

骆世明, 2010. 农业生物多样性利用的原理与技术[M]. 北京: 化学工业出版社.

吕德国, 秦嗣军, 杜国栋, 等, 2012. 果园生草的生理生态效应研究与应用[J]. 沈阳农业大学学报, 43 (2) : 131-136.

马强, 宇万太, 赵少华, 等, 2004. 黑土农田土壤肥力质量综合评价[J]. 应用生态学报, 15 (10) : 1916-1920.

梅亚军, 2018. 春季桑园套种马铃薯技术初探[J]. 江苏蚕业, 40 (Z2) : 20-21.

孟楠, 王萌, 陈莉, 等, 2018. 不同草本植物间作对Cd污染土壤的修复效果[J]. 中国环境科学, 38 (7) : 2618-2624.

彭萍, 徐泽, 侯渝嘉, 2002. 复合生态茶园的建设目标及模式[J]. 西南园艺, 30 (3) : 1.

彭晓邦, 蔡靖, 姜在民, 2009. 光能竞争对农林符合生态系统生产力的影响[J]. 生态学报, 29 (1) : 545-552.

蒲正斌, 2006. 陕西省马铃薯育种发展概况及存在的问题[J]. 中国马铃薯, 20 (6) :

378-379.
邱凌, 2001. “五配套”生态果园工艺模式优化设计[J]. 可再生能源 (3) : 14-16.
施俊凤, 薛梦琳, 王春生, 等, 2009. 甜樱桃采后生理特性与保鲜技术的研究现状与进展[J]. 保鲜与加工 (6) : 7-10.
粟建光, 戴志刚, 杨泽茂, 等, 2019. 麻类作物特色资源的创新与利用[J]. 植物遗传资源学报, 20 (1) : 11-19.
孙计平, 张玉星, 吴照辉, 等, 2015. 生草对梨园土壤物理特性的影响[J]. 水土保持学报, 29 (5) : 194-199.
谭永安, 柏立新, 肖留斌, 等, 2009. 苘麻对甘蓝田烟粉虱诱集效果及药剂防治评价[J]. 华东昆虫学报, 18 (3) : 222-227.
田永辉, 梁远发, 王国华, 等, 2001. 人工生态茶园生态效应研究[J]. 茶叶科学, 21 (2) : 170-174.
王宝刚, 李文生, 侯玉茹, 等, 2014. 甜樱桃物流及气调箱贮藏期间的品质变化[J]. 果树学报, 31 (5) : 953-958.
王飞, 石祖梁, 李想, 2018. 生态农业模式探索与实践[M]. 北京: 中国农业出版社.
王红岩, 杨殿林, 郭邦利, 等, 2019. 魔芋绿色防病高效栽培技术研究[J]. 中国生物防治学报, 35 (6) : 987-991.
王丽丽, 王慧, 李刚, 等, 2021. 生态农业原理与实践: 引领面向可持续农业的系统转型[M]. 北京: 科学出版社.
王利溥, 1994. 生态菜园及其生态学生物学基础[J]. 热带作物科技 (6) : 4.
王清, 杨冰, 陈焰红, 等, 2019. 丹江口库区农业面源污染综合防治现状及生态农业发展探讨[J]. 湖北植保 (1) : 7-10.
王晓玲, 乔斌, 李松敏, 等, 2015. 生态沟渠对水稻不同生长期降雨径流氮磷的拦截效应研究[J]. 水利学报, 46 (12) : 1406-1413.
王艳廷, 冀晓昊, 吴玉森, 等, 2015. 我国果园生草的研究进展[J]. 应用生态学报, 26 (6) : 1892-1900.
王羽梅, 2008. 中国芳香植物[M]. 北京: 科学出版社.
王长科, 张百忍, 蒲正斌, 等, 2010. 秦巴山区脱毒马铃薯冬播高产配套栽培技术[J].

陕西农业科学, 56 (4) : 218-219.

魏刚才, 乔凤杰, 2014. 果园林地生态养鸡[M]. 北京: 机械工业出版社.

魏珞宇, 罗臣乾, 张敏, 等, 2016. 农村生活垃圾厌氧发酵产沼气性能研究[J]. 中国沼气, 34 (6) : 42-45.

魏珞宇, 罗臣乾, 张敏, 等, 2019. 农村有机生活垃圾沼气发酵工艺优化及菌群分析[J]. 中国沼气, 37 (1) : 27-30.

吴金平, 2010. 魔芋软腐病病原菌及其拮抗菌的研究[D]. 武汉: 武汉大学.

吴林坤, 林向民, 林文雄, 2014. 根系分泌物介导下植物-土壤-微生物互作关系研究进展与展望[J]. 植物生态学报, 38 (3) : 298-310.

吴凌彦, 陈昢圳, 郑向群, 2018. 农村生活污水处理微生物强化技术研究进展[J]. 科技导报, 36 (23) : 47-56.

吴晓斐, 郑宏艳, 黄治平, 等, 2019. 丹江口水源涵养区绿色高效农业生态补偿标准测算方法研究[J]. 可持续发展, 9 (1) : 54-63.

肖能武, 黄治平, 常堃, 等, 2021. 农林固体废弃物栽培食用菌技术集成与示范[J]. 湖北农业科学, 60 (17) : 78-81.

辛宏权, 2019. 新时期的甜瓜设施膜下的水肥一体化栽培技术[J]. 农业与技术, 39 (16) : 56-57.

辛小康, 徐建锋, 2018. 南水北调中线水源区总氮污染系统治理对策研究[J]. 人民长江, 49 (15) : 7-12.

徐国忠, 2013. 生态果园建设[M]. 福州: 福建科学技术出版社.

徐仙英, 程红田, 余增喜, 等, 2019. 桑园套种中药材黄精[J]. 蚕桑通报, 50 (2) : 36.

许香春, 王朝云, 2006. 国内外地膜覆盖栽培现状及展望[J]. 中国麻业, 28 (1) : 6-11.

许莹, 2018. 白腐真菌对污泥堆肥及重金属钝化的影响[D]. 广州: 广州大学.

颜湧泉, 孟福东, 2005. 浅谈生态茶园建设与管理[J]. 中国茶叶, 27 (4) : 2.

杨波, 陈兆华, 王磊, 2013. 发展生态农业让“菜园子”更清洁[J]. 农家之友 (12) : 15.

杨如兴, 吴志丹, 张磊, 等, 2010. 福建人工复合生态茶园的构建技术与模式[J]. 茶叶科学技术 (1) : 4.

杨跃明, 2008. 改善老菜园生态条件技术要点[J]. 福建农业 (6) : 2.

张百忍, 张宝善, 王显安, 等, 2013. 魔芋[M]. 西安: 三秦出版社.

张秉宇, 2011. 生草在生态果园建设中的作用[J]. 北方果树 (4) : 3.

张红骥, 邵梅, 杜鹏, 等, 2012. 云南省魔芋与玉米多样性栽培控制魔芋软腐病[J]. 生态学杂志, 31 (2) : 332-336.

张洪钦, 洪生, 洪军, 2003. 建造生态菜园生产绿色蔬菜[J]. 农村农业农民 (9) : 54-55.

张静, 2008. 甜樱桃冷链物流设施与贮藏保鲜技术研究[D]. 泰安: 山东农业大学.

张全垂, 徐连明, 陈刚, 2004. 中国茅苍术研究进展及存在问题[J]. 时珍国医国药 (15) : 781-782.

张文锦, 翁伯琦, 张应根, 等, 2010. 福建良性生态茶园建设的模式选择及关键技术[J]. 福建农业学报, 25 (6) : 792-795.

张小勇, 范先鹏, 刘冬碧, 等, 2012. 丹江口库区湖北水源区农业面源污染现状调查及评价[J]. 湖北农业科学, 51 (16) : 3460-3464.

张晓鹏, 2018. 设施蔬菜连作障碍原因及防控技术[J]. 现代农业 (4) : 29.

张艳军, 赵建宁, 王慧, 等, 2020. 丹江口水源涵养区绿色高效农业技术创新集成与示范: 模式设计、技术集成与机制创新[J]. 农业资源与环境学报, 37 (3) : 301-307.

张志强, 杨清香, 孙来华, 2009. 桑葚的开发及利用现状[J]. 中国食品添加剂 (4) : 65-68.

郑建秋, 郑翔, 孙海, 等, 2017. 蔬菜施药中存在问题及技术改进[J]. 中国蔬菜, 1 (5) : 87-89.

郑立国, 杨仁斌, 王海萍, 等, 2013. 组合型生态浮床对水体修复及植物氮磷吸收能力研究[J]. 环境工程学报, 7 (6) : 2153-2159.

郑晓媛, 赵莉, 许楠, 2011. 桑树大豆间作地上部和地下部的种间作用研究[J]. 土壤, 43 (3) : 493-497.

郑昭佩, 刘作新, 2003. 土壤质量及其评价[J]. 应用生态学报, 14 (1) : 131-134.

中共农业部党组, 2017. 扎实推进农业绿色发展[J]. 求是 (18) : 37-39.

中国农业科学院郑州果树研究所, 辽宁省果树研究所, 1983. 果园绿肥及其栽培利用技术[M]. 沈阳: 辽宁科学技术出版社.

周喜荣, 张丽萍, 孙权, 等, 2019. 有机肥与化肥配施对果园土壤肥力及鲜食葡萄产量与品质的影响[J]. 河南农业大学学报, 53 (6) : 861-868.

朱先波, 潘亮, 王华玲, 等, 2020. 十堰猕猴桃果园生草生态效应的分析[J]. 农业资源与环境学报, 37 (3) : 381-388.

朱有勇, 2012. 农业生物多样性控制作物病虫害的效应原理与方法[M]. 北京: 中国农业大学出版社.

ALUJA M, LESKEY T C, VINCENT C, 2009. Biorational tree fruit pest management[M]. Wallford: CABI Publishing.

BAYSAL Ö, SILME R S, 2018. The ecological role of biodiversity for crop protection[M]. In: Dunea D, editor. Plant competition in cropping systems[M]. London: IntechOpen.

BRINK P, ALIX A, THORBEK P, et al., 2021. The use of ecological models to assess the effects of a plant protection product on ecosystem services provided by an orchard[J]. Science of the total environment, 798: 149329.

HAYWOOD J D, 1999. Durability of selected mulches, their ability to control weeds, and influence growth of loblolly pine seedlings[J]. New forests, 18: 263-276.

KOZÁR F, BROWN M W, LIGHTNER G, 2010. Spatial distribution of homopteran pests and beneficial insects in an orchard and its connection with ecological plant protection[J]. Journal of applied entomology, 117 (1-5) : 519-529.

LUO S M, GLIESSMAN S R, 2016. Agroecology in China [M]. Boca Raton: CRC Press.

MALEZIEUX E, CROZAT C, DUPRAZ M, et al., 2009. Mixing plant species in cropping systems: concepts, tools and models. A review[J]. Agronomy for sustainable development, 29: 43-62.

MENG J, LI L J, LIU H T, et al., 2016. Biodiversity management of organic orchard enhances both ecological and economic profitability[J]. PeerJ, 4: e2137.

PANG D H, XIAO R L, HOU B H, et al., 2010. Effect of ecological management on arthropod community structure and diversity in hilly tea plantation[J]. Chinese journal of Eco-agriculture, 18 (6) : 1272-1276.

PRETTY J, BENTON T G, BHARUCHA Z P, et al., 2018. Global assessment of agricultural system redesign for sustainable intensification[J]. Nature sustainability, 1 (8) : 441-446.

RICHARDSON J L, VEPRASKAS M J, 2001. Wetland soils: genesis, hydrology, landscapes and classification [M]. Boca Raton: CRC Press.

ROCKSTROM J, WILLIAMS J, DAILY G, et al, 2017. Sustainable intensification of agriculture for human prosperity and global sustainability[J]. Ambio, 46: 4-17.

SONG T Q, WANG K L, PENG W X, et al., 2006. Ecological effects of intercropping white clover on tea plantation in a subtropical hilly region[J]. Acta ecologica sinica, 26 (11) : 3647-3655.

SULTANA J, SIDDIQUE M N A, KAMARUZZAMAN M, et al., 2014. Conventional to ecological: tea plantation soil management in Panchagarh District of Bangladesh[J]. Journal of science, technology & environment informatics, 1 (1) : 27-37.

WANG Y, LONG L E, 2014. Respiration and quality responses of sweet cherry to different atmospheres during cold storage and shipping[J]. Postharvest biology and technology, 92: 62-69.

WOLFE M S, 2000. Crop strength through diversity[J]. Nature, 406: 681-682.

XIAO R, PENG W, SONG T, et al., 2006. Ecological regulation effects of straw mulching in tea plantation in subtropical[J]. Chinese journal of ecology, 25 (5) : 507-511.